KB049300

# 청주에 다녀왔습니다
### 외곽 편

# CHEONGJU

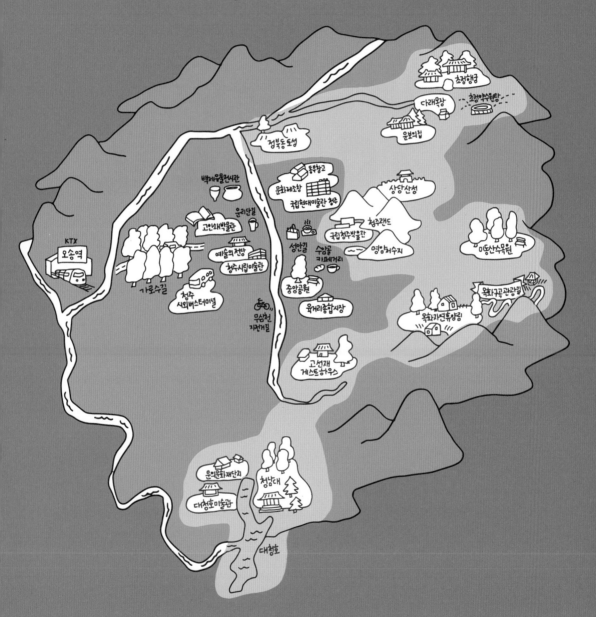

# TRAVEL JOURNAL

Prologue

2022년 8월부터 12월까지, 여름에서 겨울이
되는 동안 매달 청주로 여행을 갔습니다. KTX를
타고도 가고, 시외버스를 타고도 가고, 직접
운전을 해서 가 보기도 했어요. 어떤 날은 책을
두어 권 들고 떠났고, 또 어떤 날은 돗자리와
손수건, 수영복을 챙겨 떠났습니다. 그때마다
가방 안에 빼놓지 않은 것이 있었어요. 바로
노트와 검은색 펜, 아이패드입니다.
'여행하면서 기록을 해 보자'며 호기롭게
떠났는데, 정작 여행 중에 기록하는 것은 쉽지
않았습니다. 그래도 틈틈이 그때 그 장소에서의
느낌을 기록하려고 노력했죠. 예를 들면 기차를
기다리며 보내는 시간이나 혼자만의 여행에서
아주 잠깐이지만 심심한 시간이 생겼을 때처럼요.

비록 여행 중에는 기록이 어려웠지만, 여행에서
돌아온 뒤에는 있었던 일들을 노트에 적는 시간을
반드시 가졌습니다. 이날은 어디에 갔었고,
이곳에서 뭘 먹었고, 얼마를 썼고, 누굴 만났고,
어떤 이야기를 나누었는지 등 떠오르는 것들을
쓰고 그랬어요.
그렇게 끄적인 것을 꺼내 보면, 청주를 다시
여행하는 기분이 들었습니다. 특히 재밌는 것은
'그땐 별거 없다고 생각했는데, 다시 보니 무언가
느껴질 때'입니다.

일기를 쓸 때 그날의 감정이나 기분을 쓰는 사람이
있고, 뭘 했는지 사실을 기반으로 기록하는 사람이
있다고 합니다. 저는 후자에 가까운 사람이에요.
어떤 날은 대화하며 들은 말을 노트에 적기도
했어요. 지푸라기로 공예품을 만드시는
할아버지와의 짧은 대화, 사진 작가님과 나눈 일에
관한 고민 이야기, 지나가다 귀에 훅 들어온 낯선

타인의 말들에서 단어 같은 것을 메모해 두었죠.
이런 것들이 나중에 영감의 단서가 될지는 아무도
모르는 일이니까요.

알랭 드 보통의 책《여행의 기술》에는 이런 문장이
있습니다. '여행을 하면서 스케치를 하라'고요.
특히 아름다움에 대한 우리의 인상을 제대로
보고 기억하게 하려면 '말로 그리는 것'을 연습해
보라고 말하죠. 저는 5개월간 청주를 여행하며
청주의 아름다운 곳곳을 알게 되었고, 기록하는
여행이 얼마나 좋은 영감을 주는지도 배웠습니다.
특히 우리나라의 기록유산이 세계 4위에
자리할 정도로 대단하다는 것도 이번 여행을
통해 알게 되었죠. 2023년에는 청주에 세계
최초로 '유네스코 국제기록유산센터'가 설립될
예정이라고 해 더 기대가 됩니다.
세계기록유산에서 핵심이 되는 것은 기록물의
내용보다는 '기록물 그 자체'라고 해요. 아무리
훌륭한 내용의 기록이어도 그것이 그 당시에
쓰인 것이 아니라 나중에 다시 쓴 것이라면
기록유산으로 등재되지 못한다고 하니, 그 역사적
가치가 더 크게 다가옵니다.

이전 기록물들을 보면서 고귀함뿐만 아니라 그
시대 사람들이 어떤 생각으로 이런 글들을 남겼고,
어떤 이야기를 하고 싶어 하는 걸까 생각해 보는
것도 의미 있는 일일 듯합니다.

기록하지 않으면 알 수 없습니다.
여러 번 쓰고, 말해야 내가 뭘 하는지도 정확히 알
수 있어요.
그러니 어느 곳을 가든 기록하는 여행을 시작해
보세요! 그 시작이 청주로의 여행이라면 더 좋을
것 같아요.

# Contents

# 특별한
# 공간에서의 하루,
# 초정약수 권역

◦ **Cheongju** ◦

# 초정행궁

세종대왕이 121일 머물다 간 곳에서의 하루

**Check Point**

• 세종대왕이 머물렀던 행궁 안에서 숙박을 할 수 있어요.

• 전통찻집도 있고, 초정약수로 족욕 체험도 가능합니다.

• 수라간에서 '궁중 음식 상차림 시식 체험'도 해 볼 수 있으니,
  방문 전 공지 사항을 확인해 주세요!

📍 충북 청주시 청원구 내수읍 초정약수로 851

📞 043-270-7332

🕐 하절기 9:00-18:00 동절기 9:00-17:00(화요일 휴무)

ℹ️ 무료 관람

## 세종대왕의 몸과 마음을
## 치유했던 공간으로

'초정행궁'은 세종대왕이 1444년 봄과 가을에
121일간 머물며 요양한 곳으로 알려져 있습니다.
왕의 눈병을 치료할 방법을 찾아 전국을
돌아다니던 중 이곳의 약수를 발견했고, 치료하는
동안 왕이 머물 행궁을 지었습니다. 약수의 탄산이
물을 뜨고 몇 시간 지나면 사라졌기에 직접 와서
머물러야 했죠. 여기서 '행궁'은 본궁 밖에서
임시로 숙박하는 건축물을 말해요. 도성 내외를
막론하고 왕의 숙소로 결정되면 '행궁'이라
불렀다고 합니다. 한번 행궁이 되면 이후에도
궁궐과 같이 대우했고요.
사실 초정행궁은 1448년 방화로 인해 불에 타

사라진 후로 오랜 세월 행궁의 터만 남아 있다가
2020년 재현, 복원 과정을 거쳐 지금의 모습으로
탄생하게 되었어요. 세종대왕이 머문 121일간의
이야기를 기반으로 조성된 스토리텔링형
관광지라니, 역사적으로도 의미 있는 공간임에
틀림없습니다.

행궁 내부에는 옛 모습을 재현해 놓은 공간이
많습니다. 왕이 잠을 자고 생활하던 침전, 업무를
보던 편전, 왕자(세자)가 생활하던 공간을 볼
수 있어요(안에는 못 들어가요). 이외에도 독서당,
전시관, 수라간이 있고, 수제 수정과와 담백한
팥죽을 먹을 수 있는 전통찻집 등 곳곳에 볼거리가
가득합니다. 초정약수가 유명한 만큼 초정 원탁
행각도 있어 직접 약수의 효능을 체험해 볼
수 있습니다(실외 족탕 이용은 3-10월 사이, 10:00-
17:00까지만 가능해요).
이런 곳에서 숙박도 가능하다는 사실!
최근에는 솔로 남녀들이 모여 사랑을 찾기 위해
고군분투하는 데이팅 프로그램 〈나는 SOLO〉의
촬영지로 알려지면서 한옥스테이를 하기
위해 찾는 분들이 많다고 해요. 숙박이 가능한
객실은 4명에서 최대 6명까지 묵을 수 있고요.

출처 : 청주시청 공식 블로그

한옥이지만 화장실도 현대식으로 되어 있고, 심지어
욕조가 있는 객실도 있어 기호에 맞게 선택하면
됩니다. 단, 객실에서는 취사가 금지되어 있어요.
숙소의 내부는 비슷한 모양이지만, 지붕은 기와와
초가로 다르게 지어져 있습니다. 저는 기와지붕으로
된 '훈민관(둘)'을 예약했습니다. 실내는 단정하고
깔끔한 편입니다. 방 안에 있는 전통놀이 상자 안에는
제기, 윷, 공기가 들어 있어서 심심할 때 꺼내 가지고
놀 수 있어요. 가끔은 일상을 벗어나 창문 너머 풍경을
보면서 가만히 쉬는 시간이 필요한 것 같아요.
그런데 밤이 되면 이곳은 정말 깜깜해집니다. 주변
식당과 편의점 모두 일찍 문을 닫아서, 자연스럽게
숙소에서 밤 시간을 어떻게 보내면 좋을지 생각하게
되죠. 시간을 어떻게 보낼까 고민하다 두 가지가
떠올랐습니다. 행궁을 비추는 옅은 불빛들을 따라
산책하는 것 그리고 오늘을 기록하는 것입니다.
행궁 안은 산책로도 잘 조성되어 있어 가볍게 걷기
좋거든요. 산책을 마친 후 숙소로 돌아와 여행의
하루를 기록해 봅니다. 마음을 정돈하고 내일은 어떤
일이 생길지 기대하면서요.

## 수라간에서 아침 식사를

처음 도착했을 때 행궁 안을 돌아다니다가 "임금님의 아침 식사를 체험하세요"라고 쓰인 현수막 하나를 발견했습니다. 세종대왕이 치유식으로 먹었던 '구선왕도고 미음'을 시식할 수 있는 프로그램이었어요. 곧장 9시 조식으로 신청했죠! 알고 보니 매번 진행하는 것은 아니고, 특정 기간에만 운영하고 있었습니다. 다음에는 어떤 프로그램이 준비될지 모르니 미리 확인하고 가면 좋을 것 같아요. '구선왕도고 미음'은 세종대왕이 이른 아침에 먹었던 초조반상입니다. 아홉 가지 약재로 만든 떡을 건조해 두었다가 다시 물을 넣고 쑨 미음으로, 대표적인 궁중 한방보양식이라고 해요. 곁들여 나온 밑반찬인 물김치, 김부각, 장조림, 나물무침, 젓갈도 매우 정갈했습니다.

수라간에서 먹는 임금님의 아침 식사라니, 근사하고 멋지지 않나요? 음식을 가져다준 분이 상궁 옷을 입고 계셔서 마치 왕처럼 대접받는 기분이었어요. 게다가 음식들을 하나하나 설명해 주셔서 더 맛있게 느껴지기도 했고요. 정성스럽게 만들어 그런지 일반 죽보다 더 부드럽고 고소한 맛이었어요. 초정행궁의 상시 체험 프로그램이 된다면 정말 좋겠다고 생각했습니다.

출처 : 청주시청 공식 블로그

## 옛 모습을 고스란히 간직한
## 초정행궁에서의 하루

초정행궁의 또 다른 장점은 하늘이 잘 보이고
탁 트인 넓은 마당이 있다는 거예요, 빌딩
숲에서 벗어나 공기도 맑고, 약수가 흐르는 땅
위에 있으니 절로 건강해지는 기분이 듭니다,
'초정문화공원'과 더불어 산책로도 잘 조성되어
있어 가볍게 걷기 좋습니다, 산책을 하다 보면
이곳에서 머무는 기분이 더 선명하게 느껴집니다,

《세종실록》에
기록된
신비의 약수
축제 한마당,

**세종대왕과
초정약수 축제**

코로나19로 인해 잠시 휴식을 가졌던 '세종대왕과 초정약수 축제'가 2022년 10월 7-9일
열렸습니다. 이 축제는 세종대왕이 머문 초정행궁에서의 121일 이야기와 초정약수의 가치를
재조명하기 위해 초정행궁 일원에서 이루어지는 축제예요. 푸른 가을 하늘 아래 재현되는
세종대왕의 어가행렬은 물론 다양한 공연과 전시를 볼 수 있어요. 또 이야기마당, 참여마당 등
주제별로 섹션이 나뉘어 있어 아이부터 노인까지 전 연령층 모두가 즐길 수 있답니다.

참여마당에서는 초정 12공방을 운영하고 있어 붓, 배첩장, 조선인형, 궁시장, 도자, 옹기, 옻칠, 솟대, 규방 등 다양한 전통 체험을 해 볼 수 있습니다. 또 활판 인쇄도 체험해 볼 수 있는데요, 조선시대에는 금속이나 나무로 만든 활판으로 책을 제작했어요. 글자 한 자 한 자를 수작업으로 배치해야 하는, 시간과 정성이 필요한 작업입니다. 이번 축제에서는 유명한 시 구절이나 본인의 이름이 적힌 활판을 골라서 직접 찍어 볼 수 있었어요.

한쪽에서는 도자아트인형전도 열렸습니다. 도자인형 작가 오주현 씨가 만든 작품 100여 점을 만나볼 수 있었는데요, 천연염료를 사용한 오방색으로 전통 한복, 궁중 예복의 색감을 살렸고, 자연스러운 발색을 위해 1,200도 이상의 화로에서 최소 2-3번을 구웠다고 합니다.

조선시대의 궁궐 행사나 당시 사람들의 생활 모습을 표현한 작품들도 볼 수 있었는데요. 실제로 바람에 날리고 있는 듯한 치마의 주름과 반짝이는 색동저고리의 화려함이 무척 인상 깊었어요.

## 우리가 잘 몰랐던,
## 세종대왕 이야기

세종대왕은 눈병이 심했습니다. 훈민정음
창제에 밤낮없이 몰두하다 보니, 눈이
심하게 붓고 초점이 흐려지곤 했습니다.
그러다 청주의 초정약수가 눈병에 효과가
있다는 관원의 상소를 듣고, 초정에 행궁을
짓습니다. 그러고는 그곳에서 지내며 약수로
매일 눈을 씻었습니다. 그러자 신기하게도
눈병이 나았고, 이후 훈민정음 창제의 마무리
작업에도 더욱 신경 쓸 수 있었죠. 이러한
세종대왕의 행차를 계기로 초정약수가 널리

알려지게 됩니다.
세종대왕은 초정행궁에 머무는 121일
동안 근처에 사는 백성들에게도 관심을
쏟습니다. 왕의 행차로 그곳에 살던
백성들이 더 힘들어지는 것은 아닐까
염려해 식량을 나누어 주었다고 해요.
노인이 있는 집에는 더 많은 곡식을 보내며
보살폈고요. 한양에서 280리나 떨어진
초정에 외 이처럼 백성들을 세심하게
살핀 세종대왕의 모습을 기념하고자
'세종대왕과 초정약수 축제'가 만들어진
것이라고 생각하니, 축제가 더 뜻깊게
느껴집니다.

## 치유의 마을, 초정리에서의 힐링
### ① 초정약수원탕

충북 청주시 청원구 내수읍 미원초정로 1357
043-213-6060  5:00-22:00
일반 8,000원 소인 5,000원

초정리는 톡톡 쏘는 탄산수가 흐르는 마을입니다. '초정약수'로도 불리는 이 물은 600년 이상의 역사를 품은 천연 암반수로, 세계 3대 광천수로도 꼽힙니다. 시중에 음료로도 판매되고 있죠. 초정행궁 바로 앞에 '초정약수원탕'이라는 커다란 목욕탕이 있습니다. 오래되고 낡은 건물이지만 약수로 목욕을 할 수 있다고 하니 궁금해져 서둘러 가 보았습니다. 널찍한 카운터에서 수건과 열쇠를 받아들고 탕으로 들어갑니다. 그때가 아침 8시쯤이었는데, 이미 목욕하고 있는 분이 많았어요. 새벽 5시부터 영업을 시작한다는데, 일찍 일어나 약수로 씻고 개운한 몸과 마음으로 하루를 시작하기 좋은 것 같습니다.

### 톡 쏘는 물 '초정약수' 이야기

《동국여지승람(東國輿地勝覽)》에는 "초수(椒水)는 고을 동쪽 39리에 있는데 그 맛이 후추 같으면서 차고, 그 물에 목욕을 하면 병이 낫는다. 세종과 세조가 일찍이 이곳에 행차한 일이 있다"라고 기록되어 있습니다. '초정'이라는 지명도 '후추처럼 톡 쏘는 물이 나오는 우물'이라는 뜻에서 유래했다고 합니다.
천연 탄산수인 초정약수는 게르마늄, 미네랄, 라듐 등이 함유돼 있어 신진대사 및 위장 운동을 촉진하는 데 효과가 있고, 또 피부를 탄력 있게 하고 각종 피부 질환 개선에도 도움을 주는 것으로 알려져 있습니다. 그래서 '동양의 신비한 물'로 세계적으로도 이름나 있나 봅니다.

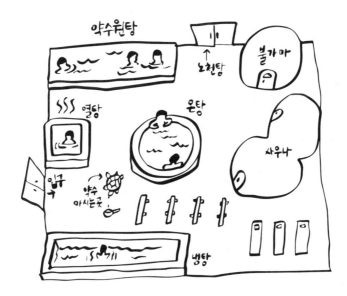

## 목욕탕에 갈 땐 텀블러를!

탕으로 들어가는 문 앞에는 돌로 만든 거북이
한 마리가 떡하니 자리 잡고 있습니다. 입에서
약수가 졸졸 흘러나오는데, 그 앞에 서 있는
사람들의 손에는 모두 텀블러가 하나씩 들려
있었습니다. 약수를 담아 가기 위해 챙겨 온
것이었죠.

미처 텀블러를 챙겨 가지 못한 저는 목욕
후 밖에서 약수를 먹었습니다. 약수의 맛은
처음에는 톡 쏘는 알싸한 맛이고, 한 모금 더
먹으면 부드러운 탄산 맛이 느껴집니다. 어른,
아이 누구나 좋아할 맛입니다!

탕 안을 둘러보니, 일반 목욕탕처럼 온탕,
열탕, 냉탕이 보였습니다. 그런데 약수탕이
따로 있는 게 눈에 띄었어요. 이곳에 온 가장
큰 목적이 약수에 몸을 담가 보는 거여서
기대하는 마음으로 탕 안에 슬쩍 발을
넣었습니다. 그런데 깜짝 놀랐습니다. 제가
놓친 게 있었죠. 바로, 물이 차갑다는 것!

사실 저는 여름에도 따뜻한 물로만 샤워하는
사람인데 말이죠. 왜 약수탕이 따뜻할 거라고
생각했을까요?

평소라면 절대 들어가지 않았겠지만, 이번

딱 한 번만 냉탕을 경험해 보기로 했습니다.
세종대왕도 121일간 초정행궁에 머물면서 이
약수로 눈병을 치료했다고 하니까요.

몸이 처음 물에 닿을 때는 너무 차가웠지만,
물속으로 들어가니 생각보다 참을 만했습니다.
사계절 내내 따뜻한 물로 샤워하다가 차가운
물에 풍덩 몸을 담그니 왠지 개운한 느낌이
들었어요. 온몸의 세포들을 깨우고 정신을 바짝
차리게 되는 효과도 있고요.

## 초정약수의 맛

원탕 밖으로 나오면 커다란 돌 가운데로 약수가
흘러나오는 약수터가 있습니다. 이곳에서
초정약수를 마셔 보았습니다. 정말 신기하게도
편의점에서 사 먹던 초정탄산수의 맛과
거의 같아서 놀랐어요. 보통 약수라고 해서
마시면 조금 특이한 맛의 물 정도로 느꼈는데,
초정약수는 정말 톡 쏘는 탄산수 맛이었습니다.
초정약수는 뜨자마자 마시는 게 가장 맛있고,
시간이 지나면 자연의 탄산은 거의 사라집니다.
세종대왕이 왜 약수를 퍼 가지 못하고 이곳에
직접 와서 머물러야 했는지 알 것 같았어요.

# 치유의 마을,
## 초정리에서의 힐링
### ② 책의 정원, 초정리 샘터 책방

충북 청주시 청원구 내수읍 초정리 60-3

초정행궁 바로 뒤에는 작은 책방이 하나 있습니다. 2022년 '세종대왕과 초정약수 축제'의 총감독으로 위촉된 청주대 변광섭 교수님이 만드신 '책의 정원, 초정리 샘터 책방'입니다. 문화와 예술을 사랑하는 마음으로 아버지가 지은 집을 고쳐 만드셨다고 해요. 지역문화기획자로서 마을의 콘텐츠를 살리기 위해 이곳에 책 2만 권과 미술품 200점을 비치했는데요. 어떤 이야기가 깃들어 있는지 궁금해하며 안으로 발걸음을 옮겼습니다.

24

너른 마당에 집 한 채, 툇마루가 가장 먼저 눈에 들어옵니다. 큰 창도
하나 보이고요, 툇마루에 앉아 보는 푸른 하늘과 앞산이 창에도 그대로
맺혀 멋있습니다. 툇마루에도 책이 전시되어 있는데, 집을 빙 둘러보면
벽을 파내 만든 책장도 보입니다. '어떻게 이런 생각을 하셨을까?'
감탄이 절로 나왔어요.
집 안으로 들어서니 한옥을 그대로 살린 천장이 보였어요. 서까래를
보는 것만으로도 한옥의 예스러움이 느껴졌습니다. 찬찬히 둘러보니
거실이며, 방이며 책이 한가득 놓여 있습니다. 거실에서 작은방까지
이어지는 통로 책장에도 책들이 꽂혀 있고요, 한쪽 방에는 판매하는
책들도 보입니다. 잠시 앉아 책을 펼쳐 보며 쉬어 가는 시간을
가졌어요.

이곳이 쉬어 가기 좋고 친근한 이유는 늘 열려 있는 문
때문입니다. 오가는 사람들이 자유로이 드나들 수 있도록
담장을 낮게 쌓고 문이 없는 입구를 만들었다고 해요.
그래서 언제든 들어가 너른 정원에 머물 수 있습니다. 너와
나의 경계가 없는 공간을 만들고자 한 교수님의 마음이
느껴집니다.
봄이나 여름에 책방을 방문하면 푸른 잔디와 작은 꽃밭을
볼 수 있고, 탁 트인 주변 경관을 감상하며 잠시 쉬어 갈 수
있습니다. 마당에서는 종종 크고 작은 문화행사도 열린다고
하니, 초정리에 온다면 꼭 한번 들러 보세요!

◦ Cheongju ◦

# 운보의 집

만 원 지폐의 세종대왕을 그린 화가의 집

**Check Point**
• 아름다운 한옥과 멋진 정원을 둘러볼 수 있어요.
• 미술관과 조각공원도 함께 구경할 수 있어요.

📍 청원구 내수읍 형동2길 92-41  📞 043-213-0570
🕐 9:30~17:30(월요일 휴무)
ℹ️ 성인 6,000원 청소년·경로 5,000원 어린이 4,000원(5세 미만 무료)

## 청주에서 만난 근사한 정원과 멋스러운 한옥

집을 보면 그 사람이 어떤 사람인지 알 수 있다는 말이 있죠. 집 안 구석구석을 관찰하다 보면 그곳에 사는 사람이 어떤 취향을 가졌는지, 무엇에 관심이 많은지, 어떤 성격일지도 어림짐작해 볼 수 있으니까요. 제겐 '운보의 집'이 그랬습니다. 마치 '운보'에 대한 한 편의 다큐멘터리를 본 것처럼 그에 대해 알게 되었죠.

이곳은 운보 김기창 화백이 노년에 어머니의 고향에 내려와 지은 저택입니다. 생전에 사용하던 작업실과 그의 작품이 전시된 미술관, 야외 조각공원까지 볼거리가 가득합니다. 특히 그가 사용하던 작업실의 의자, 테이블, 지팡이 등이 예전 모습 그대로 전시되어 있어 구석구석 살펴보는 재미가 있습니다.

입구에 들어서면 마당 한가득 잘 가꿔진 조경을 보고 감탄하게 됩니다. '어떻게 이렇게 멋진 정원을 만들 생각을 했을까?'하고요. 정원의 돌길을 따라 발걸음을 옮기니 멋스러운 한옥이 보입니다. 마당 한쪽에는 작은 연못과 정자도 있고요(아쉽게도 정자 안에는 들어갈 수 없었어요),

한옥과 정원이 조화를 이룬 운보의 집은 '한국 100대 정원'으로 선정되기도 했습니다. 정갈하고 아름다운 정원이 사계절 내내 아름다운 풍광을 자랑하죠. 특히 2018년 인기리에 방영되었던 tvN 드라마 〈미스터 션샤인〉의 촬영지로 알려지면서 청주의 랜드마크가 되었습니다.

돌 하나의 배치까지도 고심한 것 같은 정원 곳곳을 모두 둘러봤다면, 이제 집 안으로 들어갈 차례입니다. 운보의 집은 크게 안채와 행랑채, 정자와 돌담 연못으로 이루어져 있는데요. 안채 내부가 개방되어 있어 신발을 벗고 들어가 둘러볼 수 있습니다. 앞서 이야기한 커다란 테이블, 지팡이가 놓인 의자, 다양한 크기의 붓들이 놓인 작업실도 구경할 수 있고요. 보통 고택은 외관만 관람할 수 있는데 이곳은 실내까지 볼 수 있어 좋습니다. 밖에서 보면 한옥의 형태인데, 특이하게도 집 안에는 지하층이

운보 김기창 화백과 그의 작업실

있습니다. 나무 계단을 내려가면 작은 전시관이 나오는데요. 예수의 생애를 한국식 의상과 장소로 재해석해 그린 그림들이 전시되어 있습니다. 〈아기 예수의 탄생〉이란 그림에는 소와 닭이 있는 헛간에서 예수가 탄생하는 장면이 표현되어 있고, 〈최후의 만찬〉에는 갓을 쓴 예수와 열두 제자들이 대청마루에 앉아 잘 차려진 한식을 먹고 있는 모습이 담겨 있습니다. 예수의 생애를 한국식으로 표현한 것이 낯설면서도 익숙한 느낌입니다.

## 예술 감성을 한껏 누릴 수 있는 미술관과 조각공원

집 뒤편에는 운보 미술관과 조각공원이 있습니다.
김기창 화백은 만 원 지폐의 세종대왕을 그린
것으로도 유명한데요. 미술관의 지하에는 작업
초창기에 그린 스케치와 베트남 전선에서 그린
여행 스케치, 삽화들이 전시되어 있습니다.
벽에는 그가 생전에 했던 말들도 프린트되어
있고요.
김기창 화백은 1만여 점의 작품을 남긴 다작가로,
작품에서 다양한 화풍과 시대의 흐름에 맞춰
바뀌는 주제 의식을 엿볼 수 있습니다. 전시관에는
그의 작품뿐만 아니라 아내 박래현 화백의 작품도
함께 감상할 수 있습니다.
미술관을 나와 위로 조금 올라가면 조각공원이
있습니다. 자연을 배경으로 야외에 만들어져
있는데, 설치된 조각물들은 국내 유명 작가들의
작품이라고 해요. 천천히 산책하며 둘러보면
마음까지도 평화로워지는 느낌입니다. 이곳은
사계절 어느 때에 와도 좋을 것 같아요!

# 목장에서 먹는 신선한 **요거트**와 **카페라테** 한 잔

자연 속에서 아침을 맞이하면 평소보다 두 배의 힘이 나는 것 같아요.
상쾌한 기분으로 아침 산책을 하고 커피 마실 곳을 찾던 중에 '다래목장'이 눈에 띄었습니다.
드넓은 들판, 식물로 가득 찬 온실, 나무로 지은 작은 오두막이 있는 목장이라니!
동화책에서나 볼 법한 모습이지 않나요? 게다가 목장에서 짠 원유로 만든 신선한 요거트와 따뜻한
카페라테도 마실 수 있어 여러모로 힐링이 되는 장소입니다.

### 다래목장

📍 충북 청주시 청원구 내수읍 초정약수로 526-15
📞 0507-1329-0827   🕙 10:00-19:00

## 자연,
## 동물과 교감하기

도착해 보니 생각했던 것보다 더
아기자기하고 주인의 세심한 손길이
느껴지는 목장이었어요. 나무판자에 직접
붓으로 글자를 쓴 듯한 표지판, 우유와
요거트를 양손에 든 젖소 그림까지!
어느 하나 손길 닿지 않은 것이 없어
보였습니다.
메뉴로는 커피, 요거트뿐만 아니라 치즈,
아이스크림도 있습니다. 원유로 만들 수
있는 것은 다 있어요. 평소 카페라테를
즐겨 마시는 편인데, 신선한 원유
덕분인지 더 맛있게 느껴지더라고요.
떠먹는 과일 요거트는 쫀쫀하면서도
새콤달콤해 아주 맛있었습니다. 아침 식사
대용으로 좋아요.
목장 안에는 구석구석 이색적인 공간이
많습니다. 그래서 아이와 함께인 가족
단위 여행객들이 많이 찾나 봅니다.
코스모스가 가득 핀 넓은 들판은 걷거나
뛰놀기 좋고, 식물이 가득한 온실 안에는
초록색의 작은 테이블도 여러 개 있어
앉아 이야기를 나누거나 먹거리를 즐길 수
있습니다.
또 호기심이 많은 사람이라면 그냥
지나칠 수 없는 공간도 있습니다. 책으로
둘러싸인 조그만 나무집과 나무 위에 지은
오두막인데요. 그곳에 들어가면 마치
동화 속 주인공이 되는 것 같습니다. 책도
마음껏 읽을 수 있고요!
카페 이용객은 젖소에게 먹이(건초)
주기 체험도 할 수 있습니다(체험비
2,000원). 들판 가운데 작은 목장에는
송아지들이 있고, 먹이 주기 체험을 하는
곳에는 큰 젖소들이 있어요. 가까이에서
젖소를 볼 수 있어서인지 어린아이들이
무서워하면서도 제일 좋아하는
곳이었어요.

## 농장의 부지런한
## 기운을 느낄 수 있는 곳

부모님이 젖소 한 마리로 시작해 30여 년간
일궈 온 목장을 남매가 세심하게 꾸며 지금의
'다래목장'이 되었다고 합니다. 특히 이곳은
사계절마다 다른 풍경을 자랑합니다. 봄이 오면

들판에 청보리와 양귀비가 가득하고요, 무더운
여름날에는 노란 코스모스를 볼 수 있어요. 또
가을에는 분홍색과 빨간색의 코스모스가 피어
그야말로 장관을 이루고요, 겨울이 되면 다시 밭을
갈고 내년 봄을 준비한다고 하니, 다래목장의
아름다움은 이렇게 부지런한 손길로 만들어진 게
아닐까요.

# ∘ 아이와 함께 가기 좋은 곳 ∘

## 내수와우키즈랜드

아이들이 신나게 뛰놀 수 있는 대형 키즈카페입니다. 요리조리 탐험하는 정글짐, 대형 미끄럼틀, 볼풀장
등 흥미로운 놀이시설이 가득합니다. 키즈카페 외에도 물놀이장, 바비큐장 등 다양한 시설이 있으니
홈페이지(www.wowkidsland.com)를 통해 미리 체크해 보세요.

📍 충북 청주시 청원구 내수읍 내수로 451　📞 043-215-5559　🕐 10:30-17:50(월, 화요일 휴무)

## 한국잠사박물관

이곳은 잠사 문화의 유물을 수집하고 보존하기 위해 설립한 박물관이에요. 누에고치 실뽑기, 누에 밥
주기, 실크 천연 염색 등 아이들과 함께 다양한 체험을 해 볼 수 있어요. 특히 농업과 잠사와 관련된 친환경
프로그램이 많고, 계절마다 색다른 체험을 할 수 있어요. 봄에는 농장에서 오디 열매를 따며 누에를
관찰하고, 여름에는 물놀이를, 가을에는 만발한 코스모스를 볼 수 있고요. 겨울에는 눈썰매장을 운영하고
있어 가족들과 함께 특별한 경험을 쌓기 좋답니다!

📍 충북 청주시 흥덕구 강내면 청주역로 213-52　📞 0507-1412-1273　🕐 10:00-18:00(월요일 휴무)

출처 : 청주시청 공식 블로그

# 더플레이그라운드

자연 속에서 아이들이 맘껏 뛰놀 수 있는 '더플레이그라운드'입니다. 장애인 및 취약 계층과 더불어 사는 사회를 지향하는 사회적협동조합인 '모퉁이돌'에서 폐교된 학교를 활용해 북스테이, 캠핑 등 다양한 체험을 즐길 수 있도록 만들었다고 해요.

복도를 따라 천천히 학교 내부를 둘러보면 곳곳에 재밌는 공간이 많습니다. 나무 놀이터와 작은 도서관이 나란히 있고, 건물 오른쪽 끝에는 카페도 있어 어른들도 편히 쉴 수 있습니다. 밖으로 나오면 널찍한 운동장에도 놀거리가 많습니다. 한쪽에는 당나귀, 토끼 등 동물들도 보이는데요, 승나 체험과 먹이 주기 체험도 할 수 있어요.

이곳은 카페에서 이용 요금을 결제한 후 팔찌를 받아 시설을 이용할 수 있고, 주말에는 인원 제한이 있다고 하니 미리 예약 후 방문해야 합니다.

📍 충북 청주시 상당구 가덕면 상야길 6-14  📞 0507-1357-5758  🕐 10:00-19:00

# PART 2

# 반짝이는
# 마을 여행,
# 청남대 권역

• 추천 코스 •

문화예술 여행 : ① → ② → ③, ⑦
역사 여행 : ① → ②, ④
골목 여행 : ⑤ → ⑥ → ⑦
힐링 여행 : ④ → ⑤ → ⑥ → ⑦

고선재 게스트하우스 ④

산촌책방돌베개 ⑦

추정리메밀밭 ⑥

가덕코스모스길

⑤

문의문화재 단지

대청호미술관

③ ②

대청호

청남대

①

- 20년간 대통령의 별장으로 사용하던 곳이에요.
- 가로수길이 있어 드라이브하기에도 좋아요.
- 반려견 동반 입장이 가능하며, 1시간 이상 걷게 되니 꼭 편한 신발을 신고 방문하세요!

◦ Cheongju ◦

# 청남대

대통령의 별장에는 뭐가 있을까

📍 충북 청주시 상당구 문의면 청남대길 646 청남대관리사업소
📞 043-257-5080
🕐 하절기 9:00-18:00 동절기 9:00-17:00(월요일 휴무)
💰 성인 6,000원 중·고등학생 4,000원 초등학생·경로 3,000원

## 대통령이 휴가 때
## 머물며 쉬어 간 곳

남쪽의 청와대를 뜻하는 '청남대'는
1983년부터 2003년까지 대통령이
별장으로 쓰던 곳이에요. 역대 대통령들은
이곳에서 여름휴가와 설 연휴를 비롯해 매년
4-5회, 많게는 7-8회씩 이용했다고 해요.
20여 년간의 이용 기록을 합하면 총 88회
471일이라고 합니다.
이전까지는 철저히 베일에 싸여 있다가
2003년 노무현 전 대통령이 소유권을
충북에 이전하면서 민간에 공개되었죠.

'한국인이 꼭 가 봐야 할 한국 관광 100선'에도
선정된 청남대는 아름다운 경관을 보기 위해 매년
수많은 관광객이 찾는 곳이랍니다.

## 대청호과 청남대

바라만 보아도 마음을 단정하게 만드는 호수, 대청호는 1975-1980년 대청댐이 건설되면서 만들어졌습니다. 국내에서는 소양호, 충주호 다음으로 저수량이 큰 인공호수로, 호수가 청주시, 보은군, 옥천군과 대전시에 걸쳐 있어 이름도 '대전'과 '청주'의 앞 글자를 따 만들었다고 해요. 이곳은 계절과 날씨에 따라 다른 모습을 보이는데요. 안개가 뒤덮인 날, 맑은 날, 눈이나 비가 오는 날 등 어느 날이라도 드넓은 호수와 어우러진 주변 풍광이 장관을 이룹니다. 특히 대청호에 인접한 청주시 상당구 문의면에는 청남대를 비롯해 문의문화재단지, 마동창작마을, 천년 고찰 현암사와 월리사 등이 모여 있어 함께 둘러보기에 좋습니다.

# 싱그러운 자연 속
# 그림 같은 별장으로

청남대로 가는 길에는 5km가 넘는 가로수길이 있습니다. 바로 옆 맑고 깨끗한 대청호와 양쪽으로 늘어선 초록빛 나무 사이를 지나면 청남대에 도착합니다. 이때 정문에서 표를 끊고 들어가야 하는데, 원래는 청남대 홈페이지(chnam.chungbuk.go.kr)에서 미리 입장권을 예매하면 주차장 안까지 바로 들어갈 수 있었지만, 2023년 3월 25일부터 홈페이지를 통한 사전 예매 없이 청남대 매표소나 문의매표소(청주시 상당구 문의면 문의시내로 6)에서 입장권(주차료)을 구입하면 입장할 수 있어요.

대통령의 별장답게 이곳에는
특별한 공간이 많습니다. 2층
규모로 지어진 청남대 본관
건물과 넓은 잔디밭, 수영장,
양어장과 분수, 메타세쿼이아
데크, 대통령역사문화관, 대청호
전망대, 출렁다리, 등산로 등
구경할 곳이 많아서 넉넉하게
시간을 잡고 가는 게 좋아요.
사계절 내내 아름다운 곳인 만큼
산책로도 잘 조성되어 있습니다.
야생화와 소나무 숲이 어우러진
오각정길을 비롯해 대청호를
보며 걷는 데크길, 솔바람길,
은행나무 숲길이 아름다운
화합의 길 등 짧게는 20분에서
길게는 한 시간 반 정도 소요되는
코스입니다.

본관 앞에는 꽤 넓은 잔디밭이 잘 관리되고 있는데요, 노태우 전
대통령은 1988년 서울올림픽을 마친 후 IOC 사마란치 위원장과
위원들을 이곳으로 초대해 오찬을 열었다고 합니다. 원래
이곳은 2대의 헬기가 이착륙할 수 있는 헬기장으로, 평상시에는
야구, 축구 등 스포츠를 즐기는 곳으로 사용했다고 합니다.
잔디밭 곳곳에는 다양한 동물 모양의 작품들이 전시되어
있습니다. 그중 중앙에 있는 봉황 조형물은 일상생활에서
발생한 부산물과 쓰레기를 활용해 만든 작품이라고 해요.
청남대에서 가장 오래된 나무는 본관 옆에 있는
모과나무입니다. 2022년 기준, 232년 동안 이 자리를
지켜왔다고 합니다. 가을에 방문하면 참외처럼 둥글고 큰
모과가 달려 은은한 모과향을 맡을 수 있답니다.

**Check Point**

- 1980년 대청댐이 건설되면서 수몰된 마을의 문화재들을 재현해 놓은 곳이에요.
- 양반 가옥, 대장간, 저잣거리, 주막집 등 옛 생활상을 엿볼 수 있어요.
- 대장간에서는 칼, 낫, 호미 등 전통 방식으로 정성껏 만든 물건들을 판매하고 있어요.

📍 충북 청주시 상당구 문의면 대청호반로 721  📞 043-201-0915
🕐 하절기 9:00-18:00 동절기 9:00-17:00(월요일 휴무)
ℹ️ 성인 1,000원 청소년 800원 어린이 500원

○ Cheongju ○

# 문의문화재단지

가족들과 함께 오기 좋은 청주

## 옛 선인들의 삶을 기억하다

'문의문화재단지'는 대청호가 내려다보이는 언덕 위에 위치하고 있는데요, 가장 높은 곳에 오르면 주변의 푸른 조경과 대청호반의 멋진 경치를 감상할 수 있습니다.

알고 보니 이곳은 1980년에 대청댐을 준공하면서 수몰된 옛 마을을 재현한 곳이라고 해요. 4만여 평 규모의 부지 위에 선사 유적과 유형문화재 등을 복원하고, 양반 가옥, 민가, 주막, 대장간, 약수터, 광장, 저잣거리 등을 고스란히 재현해 마치 민속 마을처럼 구경할 수 있게 했어요. 발이 닿는 곳마다 볼거리가 많으니 시간을 가지고 여유 있게 둘러보길 추천합니다.

## 오래되고 신기한 것들이 가득한 곳

특히 문의문화재단지 안에는 옛 생활 모습을 엿볼 수 있는 것들이 많은데요. 대장간에 갔더니 실제로 판매 중인 진짜 칼과 낫, 도끼가 있었습니다. 옆에서는 대장장이 한 분이 불을 때고, 칼을 갈고 계셨고요. 마트에서는 흔히 볼 수 없는, 이곳에서만 살 수 있는 특별한 물건들이 눈길을 사로잡아 한참을 구경했습니다. 대장간 옆집에서는 손재주가 좋은 분들이 모여 볏짚으로 공예품을 만들고 계셨습니다. '청주 시니어 클럽'에서 제작한 것들로, 신발, 바구니, 받침대, 소쿠리 등 크기가 다양한 볏짚 공예품들이 엄청 많았습니다.

이번에는 그냥 지나칠 수 없어 조그맣고 귀여운 바구니 하나를 골랐습니다. 가격은 생각보다 너무 저렴했어요. 5천 원! 수공예품 가격이라고 믿기지 않았죠. 어떻게 이렇게 싸게 파냐고 여쭈었더니 문의문화재단지에서 관람객들에게 제공하는 서비스의 일종으로, 시에서 지원을 받는다고 하셨어요.

구석구석 살펴보면 오래되고 신기한 물건이 많이 보입니다. 한국의 리얼 빈티지를 느낄 수 있죠. 무엇에 쓰이는 물건인지 맞혀 보면서 구경하는 재미가 있어요. 또 어린아이들이 옛 문화를 체험하는 모습을 보면서 예전에는 이렇게 쓰였겠구나, 상상할 수도 있고요. 눈으로만 보기보다는 직접 체험하고 즐기는 것이 중요하다는 걸 다시 한번 깨달았습니다.
옛 물건들을 살펴보다 놓치지 말아야 할 것이 있습니다! 바로 '문산관'에서 바라보는 대청호의 경치입니다. 문산관은 유형문화재 제49호로, 조선 현종 /년(1666)에 세워진 문의현의 객사입니다. 원래는 대청댐 수몰 지역에 있다가 1979년 문의면 소재지로 이건된 후 이곳으로 이전되었다고 해요. 문의관에서 싱그러운 산 공기를 마시며

바라보는 대청호는 그야말로 비경입니다. 이곳을 청주의 멋진 풍경을 볼 수 있는 곳이라 손꼽는 이유를 알겠더라고요.

문의문화재단지 안 길을 따라 걷다 보면 여러 조형물이 전시된 조각공원과 '청주시립 대청호미술관'이 나옵니다. 기와지붕의 한옥을 테마로 지어져 외관부터 멋스러운 이곳은 크지 않은 미술관이지만, 늘 다채로운 전시가 열리는 곳입니다. 세나가 계절마다 날라지는 대청호 주변의 빼어난 경관과 갈대숲 등을 볼 수 있어 예술과 함께 쉴 수 있는 공간이에요.

# 대청호 옆
# 예술 마을에서

외곽에 위치한 '마동창작마을'과 '벌랏한지마을'은 잊혀 가는 것을 다시 예술로,
공간으로 바꿔 그 명맥을 이어가는 청주의 대표적인 예술 마을입니다.
'재생'의 의미를 다시 한번 되새기며, 청주의 예술 마을을 소개합니다!

**1** **폐교가 갤러리로, 마동창작마을**

'마동창작마을'은 먼지 쌓이고 오래된 공간이 예술을 만나면 어떻게 변모하는지 잘 보여 주는
곳입니다. 좁은 시골길을 따라 마동창작마을에 도착하면, 아담한 학교가 눈에 들어옵니다. 입구
쪽 조형물 아래에는 다음과 같이 문구가 적힌 비가 세워져 있습니다.
"2004년 12월 1일 정든 교정에 대한 아름다운 추억을 영원히 간직하기 위해 이곳 회서초등학교
옛터에 비를 세워 그 뜻을 기리다."
원래 이곳은 폐교된 회인초등학교 회서분교로, 1992년 서양화가 이홍원 씨가 이곳에 자리 잡고
창작 활동을 시작하면서 전시 공간으로 바뀌었다고 합니다. 그래서 지금은 이홍원 화백을 비롯한
작가들이 모여 함께 작업하는 공간이자 갤러리, 카페로 사용되고 있습니다.
예술가들이 모여 있는 곳이라 그런지 곳곳에 조형물이 많습니다. 하나씩 살펴보는 재미가 있어
천천히 둘러보면 좋아요. 밖을 다 둘러봤다면 건물 안으로 들어가 보세요. 갤러리와 함께 운영

중인 무인 카페도 보이는데요. 알록달록한 입구가 무척 인상적입니다. 카페를 지나 안쪽으로 들어가면 갤러리가 나오는데, 시골 마을을 배경으로 한 정겨운 분위기의 그림부터 추상적인 예술품까지 다양한 작품을 감상할 수 있어요.

📍 충북 청주시 상당구 문의면 마동1길 279　📞 043-221-0793　🕐 7:00-19:00


## 2　벌랏마을의 명맥을 잇고 있는, 마불갤러리

문의면에는 갤러리, 작업실 그리고 카페를 모두 운영하는 곳이 있습니다. 한지 공예가인 이종국 작가님의 갤러리인데요. 오랜 시간 전통 방식을 따라 닥나무로 한지를 만들고, 그 한지를 활용해 다양한 공예품을 제작해 오셨다고 해요.

충북의 동막골로 불리는 '벌랏마을'은 수백 년간 한지를 만들어 온 마을입니다. 우연히 방문한 이 마을에서 작가님은 마지막으로 만들어진 한지를 보게 되었고, 이곳에 정착해 한지 만드는 법을 배웠다고 합니다. 그때부터 지금까지 명맥이 끊길 뻔한 한지 제작법과 문화를 전승하는 데 힘쓰고 계신 거죠.

한지를 제작하는 과정은 정성과 시간이 필요한 일입니다. 닥나무를 심고 채취한 후 아궁이에 장작불을 피워 쪄 내고, 벗겨 낸 껍질(닥피)을 섬유화하기 위해 짚, 메밀대, 콩대 등을 태워 만든 잿물에 푹 삶습니다. 그다음 두드려 찧고, 종이를 뜨고 물기를 말리는 과정까지 거치면 한 장의 한지가 완성됩니다.

건물 안쪽에 있는 갤러리에는 주로 한지로 만든 작품들이 전시되고 있는데, 제가 방문한 시기에는 특별한 전시가 진행 중이었습니다. '추모식과 이별'이라는 주제의 아름답고도 슬픔이 느껴지는 전시였어요. 직접 쓰고, 그리고, 만든 물건들과 사진, 기록들을 보면서 '사랑으로 가득 찬 전시는 이런 모습이겠구나.' 싶었습니다.

특히 이곳은 공간을 허투루 쓰지 않아 구석구석 작가님의 따뜻한 손길이 느껴집니다. 실내에 있지만 햇볕을 잘 받을 수 있게 설계한 야외 공간도 눈에 띄고요. 한지의 도톰하고 오돌토돌한 거친 질감이 공간 전체에 묻어 있어 예스러움과 동시에 예술적 분위기가 느껴집니다.

전시된 작가님의 작품을 구매하거나, 차를 마시며 도란도란 이야기를 나눌 수 있는 카페도 함께 운영하고 있어 여유롭게 시간을 보낼 수 있습니다.

📍 충북 청주시 상당구 문의면 문의시내2길 20-12
📞 0507-1407-5808
🕐 10:00-19:00(월, 화요일 휴무)

3 4

### 3 한옥 카페에서 즐기는 차 한잔, 고은당

문의면에서 조금 떨어져 있지만, 고즈넉하고 아름다운
한옥 카페가 있습니다. 카페를 위해 만든 한옥이 아니라,
여러 사람이 즐길 수 있게 실제 그곳에 있던 한옥의 문을
열어 둔 것 같습니다. 바람에 흔들리는 풍경이 맑은 소리를
낼 때마다 처마를 보며 차를 한입 홀짝 마시고, 저 멀리
중첩된 산을 보면서 간식을 입에 베어 물면 '그래, 내가
이런 시간을 보내고 싶어서 여행을 오지!' 하는 생각에
행복해집니다.

📍 충북 청주시 상당구 문의면 남계2길 35-11
📞 043-293-8436  🕐 11:00-21:00(화요일 휴무)

### 4 언제 먹어도 맛있는 청주의 고추장삼겹살, 부부농장

청주에서 먹은 음식들을 떠올려 보면 공통점이 하나 있습니다. 빨간 양념을 베이스로 한 맛있는
메뉴가 많다는 거예요! 삼겹살을 구울 땐 파무침을 듬뿍 넣어 빨갛게 만들고, 분식집에서는 그
어떤 메뉴보다 쫄면을 더 크게 강조하고요.
문의면에도 소문난 '빨간 맛' 맛집이 있다고 해 찾아갔어요. 늘 사람이 많아 줄을 서야만 입장할 수
있는 식당, 바로 고추장삼겹살을 파는 '부부농장'입니다. 대청댐에서 자동차로 10분 거리에 있어
청남대나 대청호로 나들이 오는 분들이라면 꼭 들러 맛보길 추천합니다!

📍 충북 청주시 상당구 문의면 대청호반로 834-1  📞 0507-1336-0841  🕐 11:00-20:40(월요일 휴무)

# 청주로 _____ 가을 여행을 떠난다면

자연, 그 본연의 모습을 바라보는 것만으로도 소란스러운 마음이
편안해질 때가 있죠? 청주에도 그런 곳들이 있습니다.
청정한 가을날 청주로 여행을 온다면 이곳에 꼭 들러 보세요.
자연의 아름다움을 그대로 간직한 풍경을 보며 맘껏 즐길 수 있을 거예요!

# 10월에는
# 추정리 메밀밭으로!

토종꿀 생산을 위해 조성된 '추정리 메밀밭'은
메밀밭이 아름답다고 소문이 나면서 지금은
청주의 명소가 된 곳입니다. 특히 10월에는 활짝
핀 메밀꽃이 온 산골짜기를 하얗게 물들여 그
풍경이 장관을 이룹니다.
자동차로 이곳에 방문한다면 '추정 1구
마을회관'을 검색해 꽃밭 근처에 마련된
임시주차장을 이용하면 편합니다. 다만, 주말
행사가 있어 인파가 몰릴 때는 차량 출입을 통제해
마을 인근에 주차하고 걸어가야 해요. 만약 입구
건너편에 주차했다면 지하 통로도 이동하면
안전하게 길을 건널 수 있습니다.
주차를 하고, 오르막길을 따라 5분 정도 걷다 보면
좁은 길 사이로 넓게 펼쳐진 메밀밭이 보입니다.
놀랄 만큼 많은 메밀꽃이 활짝 피어 밭을 메우고
있는데, 그 양이 사진에 한 번에 담기지 않을
정도로 어마어마합니다. 메밀밭을 보고 나서
생각했습니다. '아름답다, 멋지다 외에 다른
표현이 뭐가 있을까?' 하고요.
멀리서 보면 메밀밭 사이로 지붕만 쏙 올라온
정자도 있는데요. 이곳에서는 토종꿀로 만든
음료를 판매하고 있어 음료를 마시며 잠시 쉬어
가기 좋아요!
특히 추정리는 사계절마다 다채로운 체험
프로그램이 준비되어 있어요. 6월에는 물앵두
따기 체험, 4-10월에는 토종벌 사육 체험,
4-6월과 9-10월에는 토종꿀 생산 체험을 해 볼
수 있어요.
메밀밭의 좁은 길을 오가다 붉은색 메밀꽃도
발견했습니다. 가까이 다가가니 꽤 많았는데요,
멀리서는 하얀 메밀꽃이 많아 잘 안 보였던
모양이에요.

출처 : 청주시청 공식 블로그

메밀밭으로 가는 길목에는 지역 예술 활동의
하나로 어린아이의 감정을 다양한 단어로 표현한
작품들이 전시되어 있었습니다. 메밀꽃을 보러
와서 마음까지 채워지는 것 같았어요.
작품에 대한 설명이 인상 깊어 기록해 두었습니다.

"우리는 행복하다고 적을 때 모두 같은 행복을 적고
있는 것은 아닐 거예요. 슬프거나 기쁘다고 적을
때에도 마찬가지겠죠. 우리는 함께 새로운 단어를
찾아보고, 다른 방식으로 적어 보기로 했습니다.
자유롭게 표현하는 동안 감정은 더욱 선명해지고
다채로워지는 것을 발견했어요."

출처 : 청주시청 공식 블로그

이 마을이 아름다운 이유는 조그맣지만 드넓은
밭을 채운 메밀꽃처럼 마을 사람들이 힘을 모아
이곳을 보존하고 있기 때문이에요. 모두의 노력이
없었다면 지금의 추정리는 존재하지 않았을지
몰라요. 다음 방문 때에는 마을 곳곳을 좀 더
살펴봐야 할 것 같습니다!

## 봄에는 벚꽃, 가을에는 벚나무가
## 붉게 물드는, 무심천길

청주의 산책로, 자전거길로 유명한 '무심천길'은 벚꽃, 튤립,
단풍, 억새 등 계절마다 다른 꽃으로 다채로운 풍경을 만들어 내는
곳입니다. 특히 가을에는 길 곳곳을 메운 들꽃, 노랗게 물든 은행나무
등을 가까이서 볼 수 있고, 억새와 갈대가 금빛 물결을 만들어 많은
사람이 찾는다고 해요. 도심 속 힐링 장소인 만큼 볕이 좋은 날에는
무심천 주변에서 피크닉을 즐기는 사람도 많다고 합니다.

◉ 충북 청주시 서원구 사직동 78-2

## 가을날 산책하기 좋은
## 청주의 대표 쉼터, 문암생태공원

쓰레기 매립장이던 곳이 2010년 도심형 테마공원으로 새롭게
개장했습니다. 테마공원인 만큼 산책로, 캠핑장, 바닥 분수장 등
다양한 시설로 이루어져 있고, 봄에는 튤립, 가을에는 단풍을
보기 위해 산책로를 찾는 분이 많다고 합니다. 잘 조성된 산책로에는
중간중간 의자와 정자가 마련되어 있어 편히 쉬어 갈 수 있어요. 특히
해 질 녘 노을을 배경으로 이곳 생태습지원을 감상하면 멋진 풍경을
볼 수 있답니다.

◉ 충북 청주시 흥덕구 문암동 122-2

## 시골길 따라 만개한
## 코스모스를 맘껏 볼 수 있는, 가덕 코스모스길

깊어지는 가을에 청주를 방문한다면 '가덕 코스모스길'을 꼭 들러
보세요. 가덕면은 무심천의 발원지이면서 대청호와도 인접한 곳으로,
꽃이 많아 '꽃 천지 가덕'이라 불립니다. 봄에는 매화꽃, 여름에는
무궁화, 가을에는 코스모스, 겨울에는 눈꽃이 피는 곳이라 꽃 구경을
하기 위해 방문하는 관광객이 많습니다. '코스모스 꽃길 사진
콘테스트', '허수아비 콘테스트' 등 행사도 열린다고 하니 방문 전
확인해 보세요!

◉ 노동교 : 충북 청주시 상당구 가덕면 노동리
　인차교 : 충북 청주시 상당구 가덕면 인차리
　가덕면행정복지센터 : 충북 청주시 상당구 가덕면 보청대로 4646

# 고선재 게스트하우스

160년 된 고택에서의 하룻밤

**Check Point**

• '고은리 고택'은 조선 후기에 지어져 지금까지 보존되어 온 문화재로서 가치가 높은 곳이에요.

• 고택 옆에는 500년 된 회화나무도 있어요.

• 게스트하우스와 전통찻집을 함께 운영하고 있습니다.

📍 충북 청주시 상당구 남일면 윗고분터길 33-15

## 한적한 시골 마을의
## 160년 된 고택으로

'고선재 게스트하우스'를 알게 된 건 우연히 사진 한 장을
보고서였습니다. 오랜 세월을 품은 멋진 한옥을 내 집처럼
드나들 수 있다니! 문화재로 보호해야만 할 것 같은 고택에서
하루를 묵을 수 있다니! 꼭 가 봐야겠다고 생각했죠.
고선재는 철종 12년(1861)에 지은 건축물로, 국가민속문화재
제133호로 지정되어 있습니다. 돌담으로 둘러진 입구를
지나면 'ㄱ' 자 형태의 안채와 광채, 곳간채가 있고, 마당
앞쪽으로 'ㅡ' 자형 행랑채가 있습니다. 그 옆으로는 사랑채가
자리하고 있고요. 제가 묵은 곳은 행랑채였는데, 허락을 받아
사랑채와 안채도 구경할 수 있었어요. 특히 사랑채의 툇마루가
멋졌는데요. 툇마루는 그늘도 제공하고 방과 방 사이의 통로
역할도 하면서 한옥의 여름과 겨울을 동시에 날 수 있게 해
주는데, 이곳은 독특하게 창문이 설치되어 있어서 더 아늑하게
느껴졌습니다.
무심하게 의자 옆에 놓인 바구니에는 딱 봐도 오래돼
보이는 책들이 담겨 있었어요. 무려 1982년도에 발행된 값
1,000원인 책도 보이고요. 쿰쿰한 냄새가 나는 듯하지만
시간을 품고 있는 듯한 모습에 반가움이 먼저 들었습니다.
오래된 집과 오래된 책, 뭔가 추억이 가득할 것만 같았거든요.

## 고택에서의 하룻밤

고선재에서 하룻밤을 묵기로 한 날, 저는 근처를
구경하며 여유를 부리다 해 질 무렵이 돼서야
숙소에 도착했어요. 도착한 지 얼마 지나지 않아
곧 '짙은 어둠이 내린다'는 말이 무슨 의미인지
알 만큼 깜깜한 밤이 되었습니다. 옆방에서
작게 이야기 나누는 소리가 들렸는데, 정겹게
느껴졌어요. 혼자 온 것이 조금 아쉬웠지만,
그런대로 고선재에서의 밤을 만끽하기로
했습니다. 챙겨 온 책도 읽고, 노래도 듣고요,
아침에 먹으려고 사 왔던 케이크 한 조각도 먹어
버렸죠.
아침이 되어 마주한 고선재는 햇살이 내려앉아
무척이나 아름다웠습니다. 오래된 나무 기둥들,
정사각 모양의 작고 귀여운 창문, 마당 곳곳에
아무렇지 않게 놓인 화분과 조각품들도 그제야
눈에 들어왔습니다.
자세히 보니, 정말 오래된 고택이에요. 이곳의
사장님께 여쭤보니 낡은 부분을 보수하면서도
온전히 복원하기 위해 꽤 많은 비용과 시간을
들였다고 해요.
마당에는 엄청 살갑게 구는 하얀 강아지도 한 마리
있었습니다. 이름이 '방울이'인데, 가까이 가면
꼬리를 신나게 흔들며 반겨 줍니다. 아침에 먹을
빵을 밤사이 다 먹어 버려 강제 단식을 하던 중
사장님이 빵과 커피를 주신다고 해서 대청마루에
앉아 맛있게 먹었습니다.

사랑채 옆에는 500년 된 회화나무도 있습니다. 회화나무는
은행나무, 느티나무, 팽나무, 왕버들처럼 우리나라 5대 거목에
속해요. 500~1000년 된 나무는 10여 그루만 있다는데, 그중
하나가 바로 이 나무입니다. 집 안에 심으면 행복이 찾아온다고
믿어서 사람들이 즐겨 심던 나무죠. 그래서인지 지난밤 잠을 잘 잔
것 같습니다.
나무를 올려다보며 다른 계절에도 와 보고 싶다고 생각했어요.
겨울에 하얀 눈이 쌓이면 이곳 풍경은 또 어떤 모습을 하고
있을까요? 다시 온다면 꼭 겨울에 와 봐야겠습니다.

# 책과 함께하는 낭만적인 휴가

빌 게이츠는 휴가철이 되면 책 보따리를 들고 떠나 휴식을 즐기기로 유명합니다. 며칠 동안 휴가지에서 여러 책을 동시에 읽으며 영감을 얻는다고 해요. 저도 일 년에 한 번은 그런 시간을 보내려고 노력합니다. 고민이 있을 때 누군가로부터 조언을 얻는 것도 좋지만, 어떤 날은 책에서 얻은 지식이나 영감이 더 와닿을 때도 있거든요.

**산촌책방돌베개**
📍 충북 청주시 상당구 낭성면 호정전하울길 150   📞 0507-1317-6314
🕚 11:00-18:00(월요일 휴무)

## 작은 독립서점과
## 북스테이

청주의 한 산촌 마을을 지나가다 해 읽기 좋은
곳을 발견했습니다. 독립서점과 북스테이를
운영하는 '산촌책방돌베개'입니다. 마당에서
뛰놀던 강아지를 따라 책방 안으로 들어가니,
내부는 아담하고 편안한 분위기입니다. 책꽂이,
선반 등 나무로 된 것들이 많아서 마치 나무
사이를 걷는 것처럼 느껴졌어요.
특징이라면, 책을 표지가 잘 보이도록 진열한
것이에요. 보통 신간이 아니면 서가에 꽂힌 책의
책등에 적힌 제목을 보고 책을 집어 드는데, 그런
구분 없이 표지 전체를 살펴보면서 책을 고를 수
있어 좋았습니다. 책방지기 님이 큐레이션 한 책도
보이고요. 이런 소소한 것들에서 독립서점만의
특색이 느껴집니다.
특히 구석구석 공간을 허투루 쓰지 않는 게
인상적이었어요. 한쪽에는 제로웨이스트 숍도
같이 있어 리필용 세제나 비누, 칫솔 등을
필요한 만큼 구매할 수 있어요. 또 책방 2층은
게스트하우스로 운영 중입니다. 가족 단위
여행객이 많은 편이라 북스테이를 하려면 미리
예약해야 해요.
서점 곁에는 느긋하게 시간을 보낼 수 있는 카페와
작은 도서관도 있습니다. 무인 카페 '사랑방'은
황토로 지어져 아늑하고 편한 분위기인데요.
카페를 이용한다면 차를 마신 후에 저금통에
찻값을 넣어야 하니, 잊지 마세요! 카페 2층에는
작은 갤러리 '마을'이 있어 전시 작품들도 둘러볼
수 있고요. 마을의 작은 도서관인 '생태자연
도서관 봄눈'은 밖에서 보면 가정집 같은데,
들어가면 2층까지 책으로 채워져 있어요. 모두
정겨움이 느껴지는 공간입니다.

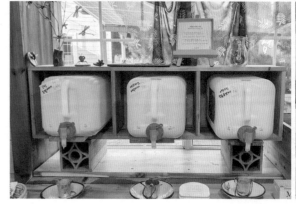

출처 : 청주시청 공식 블로그

# PART 3

# 다정한
# 자연과 함께,
# 정북동 토성·
# 상당산성 권역

• 추천 코스 •

문화예술 여행 : ① → ② → ③
역사 여행 : ① → ②
힐링 여행 : ① → ②, ④ → ⑤

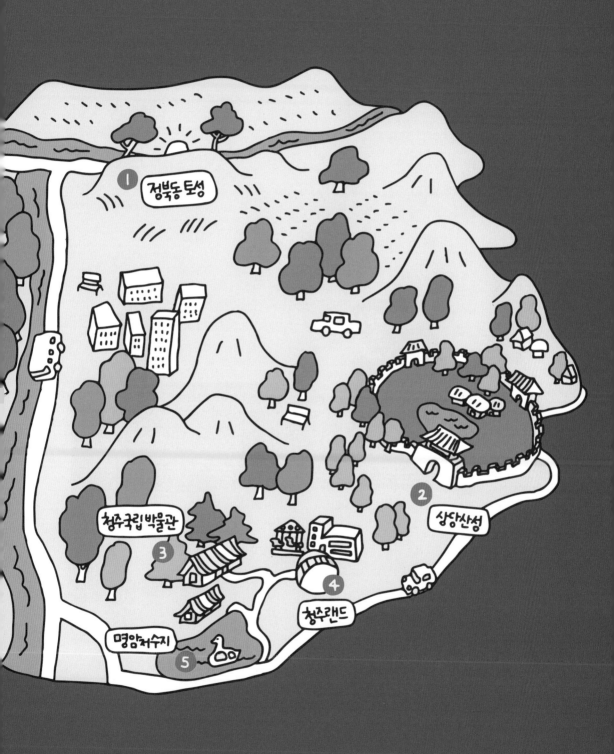

◦ Cheongju ◦

# 정북동 토성

일몰이 아름다운 곳에서의 피크닉

**Check Point**

◦ 우리나라에서는 보기 드물게 평지에 있는 토성이에요.

◦ 약 2천 년 전에 완성되었다는 견해가 가장 유력해요.

◦ 어느 계절에 가도 풍경이 아름답고, 일몰 시각에 가면 멋진 노을을 볼 수 있어요.    ◉ 충북 청주시 청원구 정북동 353-2

## 계절마다 풍경이 달라지는 신비로운 곳

'정북동 토성'은 도심에서 아주 조금 벗어나 있음에도 어딘가 멀리 나온 것 같은 기분이 드는 곳입니다. 드넓은 평야에 벼를 심은 논이 거대하게 펼쳐져 있고, 토성 주변으로는 무심천과 미호천이 맞닿아 있습니다. 얼마나 넓고 광활한지, 한여름에 갔을 땐 그늘진 곳이 전혀 없어서 땡볕에 얼굴이 빨갛게 익었습니다.

정북동 토성에 대해서는 '청주백제유물전시관'을 방문했을 때 처음 알게 되었습니다. 정확한 축조 연대는 알 수 없지만, 기록을 살펴봤을 때 삼국시대 백제의 토성으로 약 2천 년 전에 만들어졌다고 해요. 어떻게 만들어졌는지 알아보기 위해서 굴착기로 단면을 확인하려 했는데 불꽃이 튈 정도였다고 합니다. 그만큼 단단하게 만들어졌다는 의미인데, 2천 년 전 기술로 어떻게 이런 토성을 만들었는지 신기할 따름이죠.

겨울이 오기 직전 찾아간 정북동 토성은 여름과는 또 다른 모습이었어요. 4m 높이의 성벽 위에는 두 사람이 지나갈 만한 너비 2m가량의 길이 있습니다. 소나무가 하나둘씩 심겨 있어 이곳을 배경으로 사진을 찍으면 멋진 사진을 남길 수 있어요.

## 오렌지빛으로 물든
## 태양 아래에서

뉘엿뉘엿 해가 서쪽으로 넘어가는 시간, 노을이 지는 순간에 이곳에 있으면 오롯이 풍경만 바라보게 됩니다. 일몰이 시작되면 낮과는 완전히 다른 모습이 펼쳐지거든요. "정북동 토성에 가면 멋진 사진을 찍을 수 있다"는 말은 여기에서 시작되었나 봅니다.

노을로 물든 풍경을 가만히 바라볼 수 있는 시간이 1년 중에 얼마나 될까요? 팟캐스트 〈조용한 생활〉(2022. 4)에서 '풍경화는 풍경을 잃은 사람이 만드는 것'이라는 말을 들은 적이 있습니다. 아마도 아름다운 찰나의 순간을 보지 못하고 생활했던 시간이 크게 느껴지거나, 모든 것을 잊게 할 정도로 그 풍경이 멋있었다는 의미가 아닐까 합니다. 제겐 정북동 토성에서 노을을 보는 시간이 그랬어요. 모두에게 추천하고 싶은 장소입니다.

## 정북동 토성

# 근처 둘러볼 곳

### 문암생태공원

쓰레기 매립장에서 도심형 테마공원이 된 곳이에요. 테마공원답게 바비큐장, 캠핑장, 산책로, 생태공원 등 다양한 시설이 갖추어져 있습니다. 그래서인지 가족 단위로 많이 방문한다고 해요. 가을에는 예쁜 산책로를 거닐 수 있고, 계절마다 숲의 아름다움을 느낄 수 있으니 꼭 방문해 보세요!

📍 충북 청주시 흥덕구 문암동 122-2
📞 043-201-0732

### 대추나무집

'짜글이'는 충청도 향토 음식으로, 돼지고기가 잔뜩 들어간 자작한 국물이 특징인 음식인데요. '대추나무집'은 '짜글이'로 유명한 곳입니다. 인기 있는 곳인 만큼 점심때는 사람들로 북적여 대기가 길어질 수 있어요. 대표 메뉴인 '짜글찌개'는 먼저 찌개 속 고기를 건져 쌈을 싸 먹고, 그다음 국물에 밥을 비벼 먹어 보길 추천해요.

📍 충북 청주시 청원구 사천로18번길 5  📞 043-217-8866
🕐 11:00-19:30(둘째, 넷째 주 월요일 휴무)

### 토성마을

예쁜 데이지 꽃밭과 프라이빗한 오두막을 이용할 수 있는 카페입니다. 시그니처 메뉴인 쑥 음료 '봄의 정원'과 브라운 치즈 크로플이 가장 인기가 많아요. 안락한 오두막에서 즐기는 디저트! 생각만 해도 설레지 않나요? 정북동 토성에서는 5분, 문암생태공원에서는 10분 거리에 있어 접근성도 좋은 곳입니다.

📍 충북 청주시 청원구 토성로 163-1 1층
📞 0507-1378-7293  🕐 11:00-21:00

# 가볍게 거닐 수 있는 청주의 성곽길

'상당산성'이 가볍게 걷기 좋다는 이야기를 듣고, 날씨 좋은 날 운동화를 신고 카메라를 챙겨 찾아갔습니다. 가파른 언덕을 조금만 올라가면 성곽이 한눈에 들어옵니다. 알고 보니 국내 성곽 중에 가장 규모가 큰 곳이라고 해요. 예전 사람들이 살던 성곽 안팎의 마을이 여전히 남아 있어 신기합니다. 마치 과거로 시간 여행을 온 것처럼요.

**상당산성**
📍 충북 청주시 상당구 용담.명암.산성동

상당산성은 둘레 4.2km, 높이 3-4m, 성내 면적이 22만 평에 이릅니다.
이렇게 큰 상당산성을 제대로 보고 싶다면 성의 정문인 '공남문'으로 가야
합니다. 그곳에 올라서서 보는 풍경이 압도적이거든요. 주변 풍경이 마치
파노라마처럼 펼쳐지는데, '너무 아름답다'라는 표현으로는 부족할 정도입니다.
오래전 이곳에서 성문을 지키던 3,500여 명 병력의 사람들도 분명 이런 풍경을
즐겼겠죠? 멋진 풍경 덕분에 상당산성은 드라마, 영화 촬영지로도 유명한데요.
〈연모〉, 〈미씽 : 그들이 있었다 2〉 등이 이곳을 배경으로 촬영했다고 해요.
크고 두꺼운 철문에는 해태의 얼굴로 보이는 거대한 그림이 그려져 있습니다.
성 안쪽에서 활짝 열린 문을 보고 있으니 왠지 귀여워 보입니다. 빛바랜 분홍빛

색감 때문인 것 같기도 하고요. 그 자리에서 모두를 안전하게 지켜 줄 것 같은 느낌이 듭니다.
상당산성은 임진왜란 중이던 1596년부터 1747년까지 대대적으로 보수되었고, 지금까지 그 모습을 유지하고 있습니다. 공남문 옆에 그려진 〈입체 조감도〉와 〈상당산성도〉를 보면서 예전에는 어떤 모습이었는지 비교하며 관찰하는 것도 재밌습니다.

## 상당산성에서의 피크닉

처음 상당산성에 왔을 때 생각했습니다. '여기 또 와야지!' 하고요. 상당산성 공남문 앞 넓게 펼쳐진 잔디광장에서 돗자리를 깔고 자유롭게 누워 있는 사람들, 맛있는 간식을 싸 와 먹는 사람들, 강아지와 거닐거나 뛰노는 사람들, 사진으로 계절을 담는 사람들…. 다들 행복한 시간을 보내는 것 같았거든요. 그 모습이 무척이나 부러웠습니다. 그래서 같이 청주를 여행하기로 한 친구에게 말했습니다.
"이번에는 상당산성으로 가서 피크닉을 하자! 읽을 책도 한 권 들고!"
상당산성에 도착하자마자 우리는 잔디밭에 준비한 돗자리를 펼치고 자리를 잡았습니다. 가져온 책과 빵, 커피도 옆에 놓아두고요. 상당산성 입구에 있는 매점에서 배드민턴 라켓과 셔틀콕도 샀어요. 이곳에서 즐거운 오후 시간을 보내기 위해서요.
광합성을 이렇게 많이 해도 되나 싶을 정도로 하늘은 구름 한 점 없이 깨끗했어요. 읽고 싶은 책을 하나씩 가져와서 보니, 늘 하던 대화에서 벗어나 새로운 이야기를 나눌 수 있어서 더 좋았고요. 돗자리에 누워 각자 챙겨 온 책을 읽은 시간은 오래오래 기억에 남을 것 같아요.

출처 : 청주시청 공식 블로그

### 성내방죽

상당산성에 있는 저수지로, 성안에 있는 방죽이어서 붙여진 이름입니다. 계절마다 바뀌는 자연
경관을 감상하기에 더없이 좋은 곳이에요. 특히 가을에는 억새들이 바람에 물결처럼 움직이는
모습을 볼 수 있어요. 성내방죽 둘레길을 따라 걷다 보면 '자연마당'이라는 생태공원도 함께
구경할 수 있습니다.

출처 : 청주시청 공식 블로그

### 출렁다리

청주의 유일한 출렁다리가 바로 이곳에 있습니다. 다리 입구에서 보면 끝이 보이지 않을 정도로
까마득한데요. 폭이 좁고 잘 흔들려서 건너는 재미가 있답니다. 다리 위에서 보는 주변 풍경이 멋지다고
알려져 많은 사람이 찾는 곳이에요. 안전을 위해 한 번에 30명 이상 이용을 금지하고 있습니다.

## 토속음식 전문 마을

상당산성 성곽을 따라 성내방죽 쪽으로 내려가면 '토속음식 전문 마을'이 보입니다. 한옥마을처럼 보이는 이곳에는 맛집과 카페가 많은데요. 상당산성을 찾은 산책객이나 등산객이 고소한 토속음식을 즐기며 쉬어 가기 좋습니다.

## 아우트로 커피

상당산성으로 드라이브를 하러 오는 분들에게 추천하는 카페입니다. 아치형 처마와 돌로 된 건물 외관부터 독특한데요. 내부로 들어가면 중앙에는 땔감을 넣어 불을 때는 화목난로가 있고, 하얀 그물망 같은 천장 인테리어가 눈에 띕니다. 야외에도 자리가 많아 따뜻한 날에는 밖에서 시간을 보내기 좋아요.

📍 충북 청주시 상당구 낭성면 산성로 676  📞 043-221-6222  🕐 11:00-21:00

○ Cheongju ○

# 국립청주박물관

전통을 창조적으로 계승한 현대 건축물

**Check Point**

• 우리나라 대표 건축가인 故 김수근 선생이 설계한 박물관입니다.

• 한국의 전통을 구현한 기념비적인 현대 건축물로 평가받는 곳이에요.

• 충북에서 출토된 선사시대 유물부터 조선시대까지의 역사와 문화를 볼 수 있습니다.

📍 충북 청주시 상당구 명암로 143　📞 0507-1408-6300　🕐 9:00-18:00(월요일 휴무)

## 잘 만들어진 건축물 안에서
## 볼 수 있는 것들

기획과 설계가 잘된 건축물은 그곳에 머무는 사람에게 보이지 않는
영향을 미친다고 합니다. 그래서인지 '국립청주박물관'에 있는 동안
저는 한옥의 형태로 낮게 지어져 자연과 어우러진 건축물이 주는
안온함을 느꼈습니다.

외관을 보니 건물의 지붕과 벽이 무척 독특합니다. 마치 지붕은 눈이
쌓인 것처럼 만들어졌고, 담쟁이덩굴로 덮인 벽은 주변 자연과 잘
어울렸습니다. 건물 사이사이 심긴 큰 나무들도 오랜 시간 이곳을
지켜왔다고 생각하니 그 크기만큼이나 견고해 보입니다.

국립청주박물관은 1979년 건축가 김수근이 설계했고, 1987년에
개관했습니다. 故 김수근 선생은 현대 건축의 1세대로 꼽히는
분으로, '올림픽주경기장', '아르코예술극장', '경동교회' 등 우리가
알 만한 건축물을 설계했어요. 이곳을 방문하기 전부터 한 시대를
대표하는 건축가가 설계했다는 사실만으로도 흥미가 생겼습니다.
제가 태어나기도 전에 지어진 건물이 여전히 매력적인 곳으로
평가되는 이유가 무엇인지 알고 싶었거든요.

## 쉼과 숨이 있는 멋진 공간

국립청주박물관은 상당산성 골짜기에 위치해 있습니다. 산속에
파묻힌 듯한 느낌을 주려고 의도적으로 이곳에 만들었다고 해요.
비교적 한적해 조용히 거닐 곳을 찾는다면 더없이 좋은 곳입니다.
입구에서 언덕을 따라 쭉 오르면 가장 높은 곳에 박물관과 카페가
있습니다. 카페 안으로 들어가니 넓은 유리창 밖으로 색색의 옷을
입은 나무들이 보입니다. 이곳을 '단풍 구경의 숨은 명소'라 부르는
이유가 있었어요.
이곳에서 저는 열 살 조카와 함께 바깥 풍경을 구경하며 핫초코를 한
잔씩 마셨습니다. 그리고 카페 한편에 있는 작은 어린이 도서관에서
책을 읽으며 편안한 시간을 보냈어요.
카페에서의 휴식을 마치고, 전시를 보기 위해 밖으로 나와서는
가장 높은 언덕 위에 있는 상설전시관으로 발걸음을 옮겼습니다.
이곳에는 충북에서 출토된 유물 2,300여 점이 전시되어 있습니다.
선사시대부터 조선시대에 이르기까지 시대별로 섹션이 나누어져
있고, 전시관마다 다른 분위기를 연출해 유물을 돋보이게 한 점이
인상적입니다. 아주 새하얀 공간부터 아주 어두운 공간까지, 사이를
잇는 복도를 걸어가면 그 끝에는 매번 다른 풍경이 펼쳐집니다.

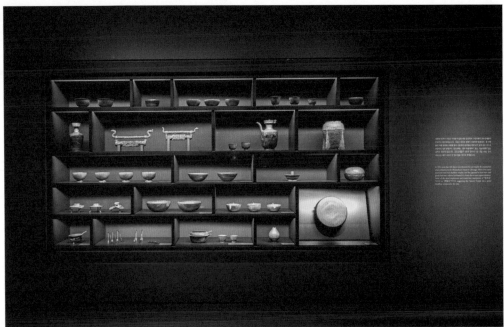

정기적으로 특별기획 전시도 열린다고 하니 방문 전 정보를
찾아보면 좋을 듯합니다.
상설전시관 외에도 어린이 박물관, 영유아 박물관도 있어
가족 단위로 와 관람하기 좋습니다. 역시 좋은 공간은 누구나
들러 편안하게 머물다 갈 수 있는 것 같습니다.

◦ **Cheongju** ◦

# 청주랜드

동심의 세계로

### Check Point

• 동물원, 놀이동산, 어린이 체험관 등을 한곳에서 즐길 수 있어요.
• 천문관, 기후변화체험교육관 등 어린이를 위한 체험 공간이 많아요.
• 아주 저렴한 비용으로 가족과 함께 즐거운 시간을 보낼 수 있어요.

📍 충북 청주시 상당구 명암로 171
📞 043-201-4869
🕐 9:00-18:00(월요일 휴무)

## 100여 종의 동물들이 살고 있는, 청주랜드 동물원

아주 오래된 것 같은 간판부터 타임머신을 타고 돌아간 듯한 매점까지, 1997년에 개관한 이곳은 오랜 역사를 자랑하는 '청주랜드 동물원'입니다. 관람료도 매우 저렴한데요. 성인 기준 1,000원이면 입장할 수 있고, 자녀가 2명이라면 무료 입장이 가능합니다.

청주랜드 동물원은 어린 시절을 청주에서 보낸 사람이라면 아마 한 번쯤은 가 봤을 만큼 오래된 곳입니다. 산 끝자락에 있어 약간 비탈진 언덕길을 오르며 관람할 수 있는데요. 수달, 미어캣, 사막여우부터 쉽게 보기 힘든 사자, 호랑이, 표범까지 다양한 동물을 가까이서 관찰할 수 있어요.

출처 : 청주시청 공식 블로그

## 어린이에게 동물 친화적인
## 환경을 보여 주고 싶은 마음

저는 조카와 함께 이곳을 방문했는데요. 자연 속에서 실제 동물을 만날 수 있다는 기대와 호기심을 충족시키기에 충분했습니다. 게다가 이곳은 멸종위기 동물을 위한 '서식지 외 보전기관'으로도 지정되어 16종의 멸종위기 야생동물을 보호하고 있습니다. 현재는 동물복지 친화적인 사육 환경과 축사를 만들기 위해 대대적인 리모델링을 진행하고 있고요. 동물을 생각하는 따스한 마음이 느껴져 여러모로 좋은 곳인 것 같습니다.

동물원을 탐방할 때 동물생태해설을 예약하면 해설사와 함께 동물원을 투어하며 야생동물들의 생태 설명을 들을 수 있습니다. 매일 2회씩 운영한다고 하니 방문 전 미리 신청해 들어봐도 좋을 듯합니다.

## 1,000원으로 부담 없이 놀이기구 즐기기

'청주랜드'는 미니 기차, 공중 자전거, 회전목마 등 다섯 가지의 놀이기구가 있는 조그맣고 귀여운 놀이동산입니다. 놀이기구를 타며 즐기는 모두의 얼굴에 웃음이 가득해 보기만 해도 저절로 행복해지는 공간이죠! 다 큰 어른도 이 시간만큼은 어린아이가 될 수 있는 것 같아요. 누구나 무난하게 탈 수 있는 놀이기구들이지만, 여섯 살 이하 어린이가 있는 가족들이 오면 딱 좋을 것 같아요. 자유이용권은 따로 없고, 타고 싶은 놀이기구마다 하나씩 티켓을 구입해서 타면 되는데, 저렴한 비용으로 즐길 수 있습니다(어린이는 700-1,000원, 어른은 1,000-1,700원).

놀이동산 안쪽으로 더 들어가 보면 흥미로운 공간이 많습니다. 모두 아이와 함께 즐길 수 있는 곳이에요. 코로나19로 인해 한동안 운영되지 않았던 '어린이 체험관'은 아이들이 편하게 뛰놀며 여러 가지 체험을 할 수 있는 공간입니다. 물을 사용한 시설이 인상 깊었는데요. 물과 관련된 물리적인 법칙을 놀이를 통해 배울 수 있어 흥미로웠어요. 그 외에도 아이들이 직접 만지고 창의적으로 조작할 수 있는 시설이 다양하게 있습니다. 체험 시간은 유동적이며, 요금은 1인당 4,000원(36개월 미만 무료)입니다.

입구에 커다란 공룡 조형물이 설치되어
있는 '공룡전시관'은 청주랜드 가장 위쪽에
위치해 있습니다. 4층 건물이지만 현재는 1,
2층만 운영되고 있어요. 1층에는 고생대부터
백악기까지 시대별 공룡 모형이 전시되어 있고,
공룡의 특징, 이름의 뜻 등이 알기 쉽게 잘
설명되어 있습니다. 벽면에 트릭아트도 설치되어

있어 재미있는 사진을 남길 수 있고요, 전시관
한쪽 작은 영상실에서는 공룡에 관한 영상을
상영하고 있어 편히 관람할 수 있습니다.
1층을 다 둘러봤다면 같은 층에 있는
'나비전시관'으로 이동하세요. 나비의 일생부터
나비와 나방을 구별하는 법 등 잘 알지 못했던
나비의 세계를 살펴볼 수 있습니다. 한국의 나비와

세계의 나비를 구분해 놓은 것도 인상적입니다.
나비에 관한 전시가 끝나는 지점부터는 곤충에
관한 전시가 이어집니다.
2층으로 올라가면 동작 따라 하기, 손으로 풍선을
터트리는 인터랙티브 게임 등을 즐길 수 있는
'디지털 체험실'이 있고요, 그 옆으로는 '탈
전시실'이 있어 우리나라 전통 탈의 모양과 역사를

알 수 있습니다.
이처럼 청주랜드는 동물원 외에도 보고 즐길
거리가 많은 곳입니다. 아이와 함께라면 꼭
방문해서 즐거운 추억을 쌓아 보세요!

# 귀여운
# 오리배를
# 타 보자!

생각해 보니 살면서 오리배를 탄 적이 한 번도 없었어요. 한강에 있는 오리배를 타러 가자고
하면 다들 고개를 저었죠. "굳이? 애들이나 타는 거 아냐?" 혹은 "저거 엄청 힘들어"라면서요.
그런 이유로 오리배를 탈 기회가 없었는데, 때마침 어린 조카와 함께한 가족여행이라 모두
흔쾌히 따라와 주었습니다. 노을이 지기 시작하는 명암저수지의 풍경이 너무 아름다워서 오리배
타는 게 더 기대됐어요!
그런데 아름다운 노을을 보느라 간과한 것이 있다는 걸 나중에야 알게 되었죠. 해가 지면
오리배를 탈 수 없다는 거예요. 계절에 따라 달라지는 일몰 시각을 꼭 확인하고 가야 할 것
같습니다. 아쉽지만 다음 날 다시 오기로 하고, 멋진 노을을 좀 더 감상하기로 했습니다.

**명암저수지**
📍 충북 청주시 상당구 용담동 290

다음 날, 아침을 먹고 느지막이 도착한 명암저수지는 고요했습니다. 오리배들이 줄지어 기다리고 있는
모습이 무척이나 귀여웠어요.
티켓을 끊고 구명조끼를 입은 뒤 배가 기울지 않도록 체중이 비슷한 사람들끼리 타기 위해 팀을 짰습니다.
구명조끼를 입는 곳 옆에서는 강냉이를 팔고 있는데요. 오리배를 타며 간식으로 먹는 것 외에 다른 목적도
있었어요. 바로 저수지 안에 사는 잉어들에게 먹이를 주는 것이었죠!
페달을 굴려 저수지 중앙으로 오니 어딘가에서 나타난 오리들이 하나둘씩 따라옵니다. 진짜 오리가
오리배를 따라오다니! 생각지 못한 만남에 페달을 멈추고 귀여운 오리들을 관찰했어요. 잉어도 먹고, 오리도
먹고, 나도 먹고, 모두 다 같이 강냉이를 나누어 먹었습니다. 오리들과 함께 물 위에 둥둥 떠 있는 시간을
만끽하면서요.

## 명암저수지 방문 전 체크하기

- '명암보트장'은 평일 17 : 00, 주말 18 : 30에
  마감됩니다.
- 오리배 탑승 시간은 30분이고, 1대에 15,000원
  (성인 2인과 어린이 2인 기준)을 지불해야 해요.
- 4-10월 매일 2회, 6-8월은 11-15시,
  17-20시에 분수를 볼 수 있어요.
- 명암저수지 주변 산책로는 가족, 연인, 친구와
  함께 가볍게 거닐기 좋은 길입니다.

# PART 4

# 걷고 또 걸어도
# 좋은 곳,
# 미원 옥화구곡 관광길

• 추천 코스 •

역사 여행 : ②

힐링 여행 : ① → ② → ③

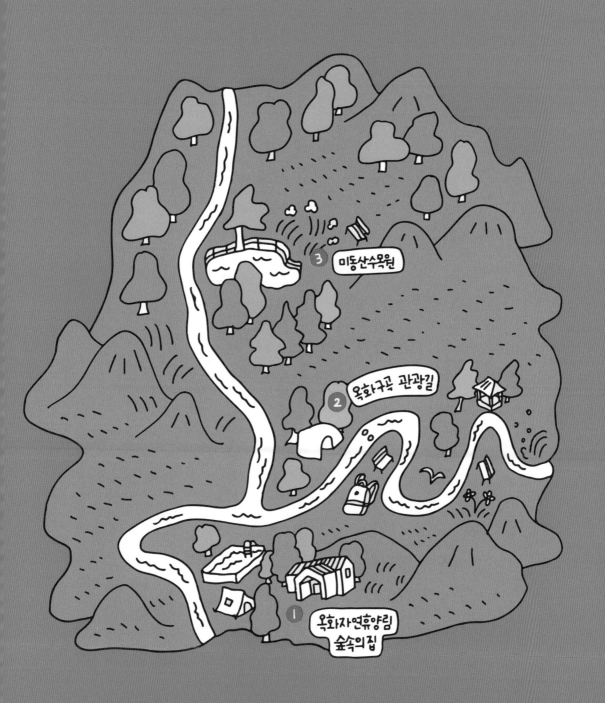

3 미동산수목원

2 옥화구곡 관광길

1 옥화자연휴양림
숲속의집

**Check Point**

• 울창한 숲속에서 하루를 보낼 수 있어요.

• 환경 보호를 위해 일회용품은 비치되어 있지 않아 직접 챙겨 가야 해요.

• 도토리 놀이터, 야외 수영장, 캠핑장, 숲 산책길 등에서 계절마다
  달라지는 자연을 즐기기에 좋아요.

📍 충북 청주시 상당구 미원면 운암옥화길 140

📞 043-270-7384(관리사무소)

∘ **Cheongju** ∘

# 옥화자연휴양림 '숲속의 집'

숲속에서 아침을

출처 : 청주시청 공식블로그

# 숲속에서 하루를
# 보내고 싶은 마음

청주를 여행하면서 가장 좋았던 숙소를 하나만
꼽으라면, 저는 '옥화자연휴양림'의 '숲속의
집'을 말합니다. 옥화자연휴양림은 캠핑장과
숙박 시설을 갖추고 있어 많은 사람이 찾는
곳으로, 주말이나 휴가철에는 반드시 예약을 하고
방문해야 합니다.
'숲속의 집'은 콘도형의 '산림문화휴양관'과는
달리 한적한 곳에 독립적으로 떨어져 있습니다.
인원수에 따라 방을 고르면 되는데, 6인실부터
25인실까지 있어요. 이름도 진달래동,
단풍나무동, 향나무동 등 꽃나무 이름으로 되어
있어 정겹습니다. 금액도 6만 원부터 시작해
저렴하게 이용할 수 있고요.

## '숲속의 집' 이용 방법

숲나들e 홈페이지(www.foresttrip.go.kr)를 통해 숙박일
등을 확인 후 예약할 수 있습니다.
* 이용 금액은 6만 원(성수기 8만 원)부터이며, 청주 시민,
  다자녀 가정은 좀 더 저렴하게 이용할 수 있어요.

## 숲에서의 소박한 아침

저는 총 세 번 이곳을 방문했습니다. 여름에는 혼자서, 가을에는
친구와, 겨울에는 가족들과 함께 다녀왔어요. 그때마다 숲속에서
마음껏 걷고, 때론 뛰놀며 즐거운 시간을 보냈습니다. 특히 휴양림
입구에서 관리사무소를 끼고 오른쪽으로 돌아 들어가는 진입로는
숲길이 길게 나 있어 정말 멋있습니다.
모던한 느낌의 숲속의 집은 창을 통해 안에서 밖을 보면 '아, 내가
지금 숲속의 집에 있구나!' 하는 사실을 바로 깨닫게 해 줍니다.

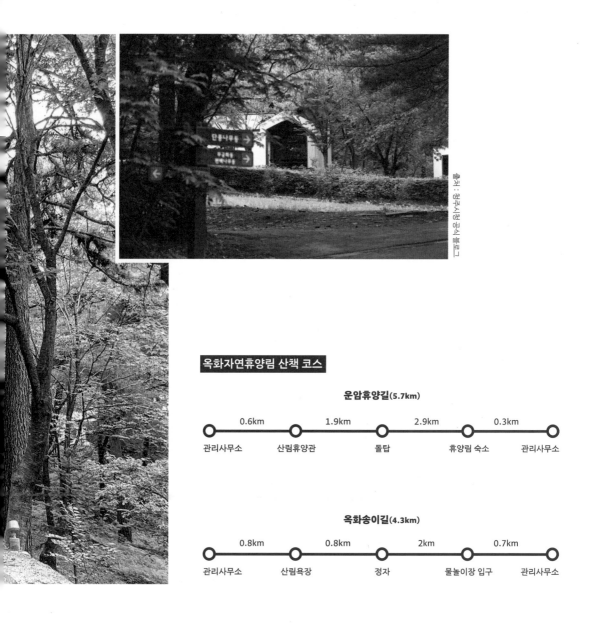

출처 : 청주시청 공식 블로그

## 옥화자연휴양림 산책 코스

### 운암휴양길(5.7km)

| 관리사무소 | 0.6km | 산림휴양관 | 1.9km | 돌탑 | 2.9km | 휴양림 숙소 | 0.3km | 관리사무소 |

### 옥화송이길(4.3km)

| 관리사무소 | 0.8km | 산림욕장 | 0.8km | 정자 | 2km | 물놀이장 입구 | 0.7km | 관리사무소 |

마치 창이 액자이고 창밖의 모습이 그림이 된
것처럼 너무나 근사한 풍경을 가까이서 볼 수 있죠.
아침 산책 후에 창밖의 나무가 보이는 테이블에
앉아 빵 하나와 우유, 따뜻한 커피를 먹었습니다.
아침 햇살과 맑은 공기 덕분인지 평소보다 더
맛있게 느껴졌어요.

## 숲속에서 즐기는 모든 계절의 놀이터

멋진 숙소 말고도 옥화자연휴양림의 가장 큰 장점은 숲속 곳곳에서 계절을 즐기는
방법을 발견할 수 있다는 거예요. 한 바퀴 둘러보면 재밌어 보이는 게 많습니다.
그래서인지 이것저것 해 보고 싶은 것들이 마구 떠오르더라고요.
'여름에는 캠핑을 꼭 와 봐야겠다!', '숲속에 야외 수영장이 있다니! 여름에 꼭 와
봐야지,', '이 도토리 놀이터는 조카랑 같이 오면 너무 좋아하겠는데!', ' 잔디밭에서
배드민턴을 치면서 놀까? 공도 하나 가져와야겠다!', '도시에서 못 보던 독특한 새도
많네! 조류관찰일지를 써도 좋겠어!', '눈이 오면 또 얼마나 멋질까!' 등등.
주변에 가까운 편의점이나 마트가 없고, 식당도 차를 타고 멀리 나가야 하지만, 그래서
온전히 숲에서의 하루를 보낼 수 있는 것 같아요. 비록 갑자기 먹고 싶은 거나 하고 싶은
게 생겼을 때 도시에서처럼 쉽게 다 구할 수는 없어도, 자연의 시간에 맞춰서 숲에서만
할 수 있는 것들에 집중하며 하루를 보낸 경험이 오래 기억에 남았습니다.

출처 : 청주시청 공식 블로그

108

# 걷기 좋은 날,
## '바람길' 따라서

'옥화구곡 관광길'은 자연경관을 보며 여유롭게 거닐기 좋은 청주의 트레킹 코스로 잘 알려져 있어요. 총 14.8km로, 자연 그대로의 길을 최대한 살린 세 개의 코스로 나뉘어 있습니다.

가볍게 산책하길 원한다면 1코스를 추천합니다. 천천히 거닐다 보면 저절로 마음이 편안해짐을 느낄 수 있을 거예요. 특히 2-3코스에 있는 '금관숲'은 캠핑을 좋아하는 여행자들에게 인기가 많은 장소입니다. 3코스는 1, 2코스에 비해 인적이 드문 편이지만, 각 지점마다 이정표와 안내도가 잘 정비되어 있어 찾아다니는 재미가 있습니다.

### '옥화구곡'과 '옥화구경', 무엇이 다를까?

'옥화구곡'은 과거 조선 후기에 서계 이득윤이 낙향한 후 해당 지역의 아름다운 경관을 보고 지어 불린 이름입니다. 달천(박대천) 하류부터 시작해 9곡까지 명소를 설정해 유래되었다고 해요. 반면, '옥화구경'은 1990년대에 들어 청원군정 자문위원회에서 발굴해 9개의 비경을 설정해 붙인 이름입니다. 그래서 천경대의 경우 옥화구곡으로 따지면 제6곡에 속하고, 옥화구경으로 따지면 제3경에 속한다고 해요.

# COURSE 1
### 어진바람길 5.6km

**고즈넉한 농촌 경관과 시원한 하천 둑길을 지나는 옛길**

제1경 '청석굴'에서 시작해 제2경 '용소'와 제3경 '천경대'를 걷는
코스입니다. '청석굴'은 구석기시대 선조들이 생활했던 동굴로, 황금박쥐와
관박쥐 등 20여 종의 생물이 서식하는 천연동굴입니다.

제2경인 '용소'는 '오담'이라고도 불립니다. 절벽 앞에 있는 깊은 못으로,
'자라가 사는 연못'이라는 뜻이에요. 제3경 '천경대'는 깎아지른 절벽과
달빛이 맑은 물에 투영되어 마치 '하늘을 비추는 거울 같다'는 의미로 지어진
이름입니다.

'어진 바람길'은 신비한 동굴부터 정겨운 농촌 풍경을 보며 걷기 좋은
길이에요. 푸른 자연과 함께 편안한 마음으로 여유로운 시간을 갖기에 딱이죠.
특히 중간에 옥화자연휴양림이 있어 사람들이 가장 많이 찾는 곳이기도 해요.
다만, 옥화자연휴양림은 모든 공간이 예약을 해야 이용할 수 있다는 점 잊지
마세요!

# COURSE 2
## 꽃바람길 5.2 km

**아름다운 철쭉 군락지와 절벽 숲길이 이어지는 길**

'꽃 바람길'은 '옥화대'에서 '금봉'을 지나 '금관숲'을 잇는 구간이에요.
계절마다 피는 시기가 다른 다양한 야생화를 볼 수 있습니다. 꽃을 좋아하는
분이라면 가장 마음에 드는 코스일 것 같습니다.

조선시대 선비들이 경치를 보며 마음을 씻고, 후학을 양성하기 위해 정자를
만든 곳이 바로 제4경 '옥화대'입니다. 이곳은 옥화구곡 중 사람들이
가장 많이 찾는 곳으로 알려져 있어요. 차박노지 캠핑장으로도 유명하며,
낚시하는 사람들, 물멍을 즐기는 사람들에게 인기 있는 장소입니다.
2코스에는 숲길을 가로지르는 350m의 수변 데크로드가 조성되어 있어 더
아름다운데요. 자연 훼손을 최소화하고 친환경적 공법으로 설계되었다고
합니다.

'옥화대'를 지나면 제5경인 '금봉'이 나옵니다. '금봉'은 '칼 같은
봉우리'라는 뜻으로, 수목이 울창한 동산 주변으로 맑은 개울이 흐르고
깨끗한 백사장이 형성되어 있습니다. 이곳을 찾기 어렵다면, 월용리 입구의
월용심소류지에서 마을 안 길을 따라 들어가면 됩니다. 제6경인 '금관숲'은
캠핑장으로 알려져 야영객들이 많이 찾는 곳입니다. 3코스의 시작점이기도
하죠.

## COURSE 3
### 신선바람길 4.0km

**한적한 천변 경관을 바라보며 여유롭게 걷는 길**

3코스는 제6경 '금관숲'에서 시작합니다. '금관숲'은 개울가에 있는
2,400여 평의 숲으로, 수목이 울창해 한여름에도 해가 들지 않는 시원한
곳입니다. 바로 옆으로는 개울이 흐르고, 캠핑장 등 편의시설도 갖추고
있어 야영지와 피서지로도 유명한 곳이에요.

제7경 '가마소뿔'은 혼례를 마친 후 가마를 타고 가던 신부가 물속에 빠져
죽어 이를 슬퍼하던 신랑이 함께 뛰어들었다는 전설이 있는 곳입니다.
옆에서 보면 삼각형 모양으로 솟아 있고 아래로는 달천이 흐르고 있어요.
해발 630m인 제8경 '신선봉'은 신선이 놀았다고 해 이름 지어진
곳입니다. 이곳에 가면 바위 밑으로 흐르는 물소리 때문에 절로 신선이 된
것 같은 기분이 든다고 해요. 마지막으로 제9경 '박대소'는 푸른색 바위가
병풍처럼 둘러싸여 있고 깊은 못이 있어 '박대소'라 부릅니다. 옥화구곡
중 가장 외진 곳에 있어 아직까지는 사람들의 발길이 많이 닿지 않아 자연
그대로의 경관을 감상할 수 있어요.

○ Cheongju ○

# 미동산수목원

초록이 가득한 식물원으로 가자

○ 충북 청주시 상당구 미원면 수목원길 51
☏ 043-220-6101
◎ 하절기 9:00-18:00 동절기 9:00-17:00(월요일 휴무)
ℹ 무료 관람

## Check Point

• 온실부터 나비생태원까지, 서른 가지 테마로 구성된 정원을 볼 수 있어요.
• 탐방은 약 1시간 30분 소요됩니다.
• 계절 변화에 따라 다른 분위기를 풍기는 매력적인 수목원입니다.

# 쉬엄쉬엄 산책의 시간

스트레스를 받고 있거나 머리가 복잡한 상황에 있을 때, 어떤 방법으로 해결하는 편인가요? 도움을 받거나 의지할 누군가 없이 혼자 있을 때 가장 효과적인 방법은 산책이 아닐까 싶어요. 몸을 일으키고 두 다리를 움직여 걷기만 했을 뿐인데 머릿속에 있던 걱정과 고민이 툴툴 털어지는 것 같거든요. 특히 커다랗고 오래된 나무들 사이를 걸으면 훨씬 더 도움이 되죠. 오랜 세월을 지내 온 나무들이 주는 기운이 있으니까요. 번잡한 도심에서 벗어난 깊은 숲일수록 더 좋고요.

## 식물원을 즐기는
## 나만의 방법

여행에서 식물원을 갈 때마다 기억에 남는 식물들을 기록하는 것도
재밌습니다. 딱 하나만 이름을 외워도 우연히 길을 지나가다 발견하면
'어, 베롱나무네!' 하며 반가운 마음이 들죠.
'미동산수목원'에서 기억에 남은 식물 중 하나는 '벌개미취'였어요.
아주 오묘한 연보라색의 작은 잎이 여러 장 달린 꽃입니다. 입구부터
곳곳에 드넓게 피어 있었는데 색감이 정말 아름다웠습니다. 찾아보니
우리나라가 자생지인 식물이더라고요. 영어 이름도 '코리안
데이지(Korean Daisy)'입니다.

내가 아는 나무다!

## 혼자 가도 좋은
## 식물원 여행

이제는 여행을 가면 그곳에
식물원이 있는지 찾아보는 게
자연스러워졌습니다. 특히 혼자 여행할
때 식물원은 더없이 좋은 장소가 되죠.
그때 그 순간에 볼 수 있는 장면들을 더
감도 높게 바라볼 수 있고, 혼자만의
시간에 집중할 수 있으니까요.
매일 똑같은 것 같지만, 하루도 같은
날이 없는 식물들의 모습을 관찰하는
것도 즐겁습니다. 숲길을 걷고 있으면
풀과 나무, 꽃들이 '혼자인 시간을
자연스럽게 보내는 법'을 알려 주는
듯합니다. 사방이 초록으로 둘러싸인
수목원에서 자연과 친해지는 시간, 꼭
가져 보세요!

# 둘러볼 곳

**메타세쿼이아원**

미동산수목원의
대표적인 톳나무 숲길

**다육식물원**

사막, 높은 산과 같이
건조한 환경에서 자라는
식물들을 만날 수 있는 곳

**난대식물원**

겨울에도 꽃이 피는,
사계절 싱그러운
식물들이 가득한 비밀의 화원

**목재문화체험장**

목각시계, 목재 오르골 등
다양한 전시품과 목재품
만들기 체험을 할 수 있는 곳

**산림환경생태관**

현미경으로 씨앗 관찰하기,
식물 세밀화 그리기 등을
체험할 수 있는 공유의 장

# paca kim

## 김파카

•

대학에서 디자인을 공부했고, 인테리어 디자이너로 5년간 일했다. 이후 회사 밖에서
독립을 꿈꾸며 주체적으로 살아보기로 결심하고, 6년간 작은 브랜드를 만들어 운영했다.
지금은 일러스트레이터로 활동하며 꾸준히 글과 그림을 기록으로 남기고 있다.
손으로 무언가를 만들 때 가장 기분이 좋고, 내가 만든 작은 무언가가 누군가에게 도움이
되었으면 하는 바람으로 작업을 이어가고 있다. 여전히 재주껏 먹고살기 위한 일들을
하나씩 수집하는 중이다. 지은 책으로《집 나간 의욕을 찾습니다》,
《내 방의 작은 식물은 언제나 나보다 큽니다》가 있다.

super.kimpaca@gmail.com
Instagram @kimpaca

# 청주에 다녀왔습니다 외곽 편

**1판 1쇄 인쇄** 2023년 6월 5일
**1판 1쇄 발행** 2023년 6월 23일

**지은이** 김파카
**사진** 한희준
**자료협조** 청주시문화산업진흥재단, 청주문화도시사업
**펴낸이** 김성구

**책임편집** 조은아
**콘텐츠본부** 고혁 이영민 김초록 이은주 김지용
**디자인** 이응
**마케팅부** 송영우 어찬 김지희 김하은
**관리** 김지원 안웅기

**펴낸곳** (주)샘터사
**등록** 2001년 10월 15일 제1－2923호
**주소** 서울시 종로구 창경궁로35길 26 2층 (03076)
**전화** 02-763-8965(콘텐츠본부) 02-763-8966(마케팅부)
**팩스** 02-3672-1873 | **이메일** book@isamtoh.com | **홈페이지** www.isamtoh.com

ISBN 978-89-464-2247-6 14980
    978-89-464-2245-2 (set)

- 값은 뒤표지에 있습니다.
- 잘못 만들어진 책은 구입처에서 교환해 드립니다.
- 일부 장소의 경우 정보가 변경되어 다를 수 있습니다.

**샘터 1% 나눔실천**
샘터는 모든 책 인세의 1%를 '샘물통장' 기금으로 조성하여 매년 소외된 이웃에게 기부하고 있습니다.
2022년까지 약 1억 원을 기부하였으며, 앞으로도 샘터는 책을 통해 1% 나눔실천을 계속할 것입니다.